一生もの
の実力が身につく！

暗算力ドリル

栗田哲也
Tetsuya Kurita

PHP

暗算力ドリルの特徴

本書はＰＨＰ研究所から出版された『暗算力』（ＰＨＰ文庫）をドリルにしたものです。『暗算力』では、中学範囲や高校範囲のややむずかしい事項にも踏み込みましたが、今回のドリルは足し算、引き算、かけ算、わり算だけにしぼりました。その点、もしかしたら小学校低学年や中学年でやるのが最適、また中学生以上でも、計算力に自信のない人が「そうか、自分が計算力に自信がなかったのはこれができていなかったからだな」と思って基礎を固めるのにも適しているかもしれません。

暗算力は工夫によってのみ養われます。

その意味で次のような構成にしました。つまり、

全体を暗算の工夫に特徴のある22の章（たとえば２ケタ同士の足し算、２ケタ×２ケタのかけ算）に分けました。その各章は、

① **解説**　どういう理由でどういう暗算の工夫をするのかの解説
② **練習問題**（暗算のやり方になれるためのヒント付き問題）
③ **ドリル**　各章20題、合計440題の練習問題

となっています。

答えはすぐに見られるように下やページの右側についています。

暗算はあとでも書くように「**工夫の世界**」です。ですから提示されたやり方だけを覚えればよいというわけではなく、自分でもいろいろ工夫してみると実力は倍はおろか数倍になりますから、基本的

な「技」を理解したあとは必ず自分でも工夫してみてください。
　その補助として、本書では一つの問題をいろいろなやり方で解いてあり、別解もなるべく多く書きました。また、ドリルの「暗算のヒント」はあくまで例ですので、別の方法でも全くかまいません。

　本書の読み方やドリルのやり方ですが、はじめは基本的な技にとりくみます。なぜそのやり方が効果的なのかをしっかりと理解するためにややゆっくりと時間をかけ自分でも工夫してください。
　その段階ではメモをとったり（頭の中にとっておくものをとりあえずメモする）、面積図を自分で書いたりしてもかまいません。
　そうしてある程度わかって自信がついてきたら、工夫しながらもスピードも重視します。だんだん暗算スピードが速くなっていくのを実感するため、何回かくりかえすのがよいでしょう。
　ドリルは一人でやる場合は、答えを下じきなどで隠しながらやってください。組める相手がいれば、一人が問題を見ながら次々と答えを言っていき、相方（友達や家族）が答えをチェックしながら「別解もやってみた？」というような突っ込みを入れる、というのもおもしろいかもしれません。
　ただ、本は読み方も利用の仕方も自由ですから、自分のやりやすいやり方でとりくんでくださいね。
「暗算というゲームの攻略」でもするようにいろいろと工夫しているうちに、いつの間にか軽々と暗算ができるようになる段階が、皆さんに早く訪れることを願っています。

（大人の方に向けた）まえがき

暗算は決して「技術」ではない！！！

あえてこう言ってしまうと身もふたもないが、こう言ってしまいたい気分もある。事情は次のようである。

10年ほど前に書いた『暗算力を身につける』とその文庫版である『暗算力』という本はある程度は読んでくれた読者もいたらしく、Amazon の書評を見ると次のようなものがあった。かいつまんで言うと、「私は暗算が得意で、この本に書かれてあるくらいのことはすべて試したことがある。ところが教えている生徒たちにこの本を紹介してみたところ、ほとんどがこんな方法を試したことはないという。なんと数学ができる人にとっては当たり前の計算法が、数学ができない人にとっては驚くべき計算方法だったのだ。そうした意味で当たり前のことがしっかり説明されている本書はもしかしたら良書かもしれないのでお奨めする」というありがたいものだった。

なぜありがたかったかというと、私自身そう思うからである。

学校で習う筆算は、確かに王道ではあるものの、はっきり言えばマニュアルだ。工夫の余地はほとんどないから単なる訓練で退屈だ。おまけに遅いし複数のやり方を持たないから別の方法による確かめが利かず、ケアレスミスの嵐となる。

これに対して暗算は本書を読んでいただければわかるように、いたるところに工夫の余地があり、その工夫を通して基本的な算数の仕組みも体得できるようになっている。だからまあ、極端に言えば「筆算をマニュアル通りにしかやらない生徒」と「工夫しながらゲーム攻略感覚で算数の仕組みを体得していく生徒」とでは、天と地ほどの差が出てしまい、それが将来的に数学が好きになるか嫌いになるかにも、影響していくのである。

しかるに学校では「筆算というマニュアル」ばかりが奨励されるので、その状況には風穴を開けねば、というのが前著の趣旨だった。

先に紹介した「書評」はそうした「工夫する人」と「工夫しない人」の間にどれだけすごい差がつくかを如実(にょじつ)に示しているではないか。そうした意味で私はこの書評を素直にありがたいと思ったのである。

だが、いまだに「暗算は答えにすばやくたどり着くための技術である」と思って、アクロバティックなすごい技術を得るために暗算の本を買う人がいるらしい（はっきり言えば４ケタ×３ケタが暗算できるなどと言ってもてはやす人がいるけれど、これは単なる算数のサーカスにすぎません。逆にやさしい暗算ばかりやり方を覚え込んで機械的に遂行しても、本質を意識しなければただのマニュアルになってしまいますよ）。これらは心得違いであるからはっきりとそう言っておく。

確かに暗算は速いのもメリットだ。だが、暗算の効用を列挙するならそのほかに、

1. 複数の方法で暗算でき、ケアレスミスを防ぐ
2. きりのよい数の利用や、素因数の利用などを通じて算数の仕組みが体得できる（筆算は１ケタ＋１ケタや、１ケタ×１ケタをマニュアル的に順ぐりに行うだけで、そうした仕組みの体得としては不十分）
3. 得意になることで、その後の複合的な思考問題で計算に使う労力を半減でき、思考に集中できる（たとえば大学受験の模試でも、余白に簡単な計算が暗算でなく筆算で書きつけてあることがあり、この子は思考ではなくこんな単純な計算に時間と労力を取られているのだろうな、もったいないな、と思います）
4. 細かいことでも工夫するという態度が養える
5. 大体の見当（概算）が得意になる

6. 頭の中で数を操れるようになり、いちいち紙にアウトプットしなくても思考できる素地を作ることができる

といった地道で本質的な効用がたくさんあるのである。

たとえば頭の中に数をとりあえずとっておいて別の計算をして、最後に合体するという操作が暗算には不可欠だが、これをどのようなイメージで「とっておく」のかは誰も研究したことはないし、そもそも研究できないだろう（私の場合は、なんというか、頭のすみに高速でちらっと焼き付けておく感じなのだが言葉に表現するのはむずかしいし、ほかのタイプで暗算が得意な人もいるようだし……）。でも、こういうことを慣れによって自己流でもすぐにできるようになるかどうかも工夫の一つなのである。

ただ、本音で言えば、本書を出すことに抵抗はあった。編集者から、「やさしめの暗算」に特化した需要がありますからドリルを出しませんか、と持ち掛けられたときも、「え、前の本で十分じゃない？　そこまで手取り足取りするより、自分でもっと工夫する方がいいんじゃないの」とさえ思った。

だが、諸事情をしばらく勘案（かんあん）して（主に算数系出版界の潮流の事情であって金銭的事情ではありません）、「まあ出すか、それなら力は尽くそうかな」という方向に変わった。

読者の方にはくれぐれも言っておきたい。

ともかく、この本を「便利な技術書」としてうのみにするのではなく、徹底的に工夫して、自分の暗算方式を確立してください。そうすれば、計算力に関しては将来に臨む下地は十分になります。

特に小学校中学年時までにこれをすれば、比較的少ない労力で多大な効果が見込めるでしょう。でも「少ない労力」を当てにするのではなく、一に工

夫、二に工夫、の精神で進みましょう。

実際、本書の問題の多くは、一度通しでやってから再びトライしてみると、別の章の解法でさっと解けるものも多く、工夫すれば本書に書いた解法よりはるかにスゴい解法、ラクな解法、アッと驚く解法があるものも多数含まれます（わざとそのように仕組んであるのですが、そのような解法をすべて書くと本の量が10倍にふくれあがるので、すみませんが、そこは読者の判断と工夫にまかせます）。

皆さんが「本書ではちょっと苦労したけれど、工夫しているうちに算数が得意になったよ」と言ってくれることを期待しています。

なお本書を利用するためには前提として、

1．10進法の基礎的理解（857＝8×100＋5×10＋7であることなど）
2．九九の訓練
3．１ケタの足し算や引き算
4．繰り上がりのない、または一つくらいの２ケタの足し算
5．46＋70、350＋900ができるくらいの暗算力
6．（後半の部分は）小数や分数の基本的概念と計算
7．千、万、億、兆など大きな数の概念
8．交換の法則、分配の法則、結合の法則についての感覚的な理解（理屈で知っている必要はありません）
9．学校でやるレベルの筆算

を確認してください。これができていなければ、さらにさかのぼって計算の基礎を訓練する必要があります。

栗田哲也

暗算力ドリル　目次

※面積図などの図はあくまでイメージです。

1 79＋47を暗算する

暗算はいろいろなやり方で

足し算にもいろいろなやり方があります。

たとえば、79＋47を暗算するとき。まず一番先にぱっと思いついてほしいのは、**47を40と７に分解する**ことです。

79を40ふやしても１の位の数は９のままですから、79に40を足して119とします。119に７を足して126、と答えが出ます。

$$
\begin{aligned}
79+47 &= 79+40+7 \\
&= 119+7 \\
&= 126
\end{aligned}
$$

別のやり方もあります。**まず10の位同士を足します。**どういうことかというと、まず70＋40で110と暗算。次に、９と７を足して16と出し、最後に110と16を足して126と答えを出すのです。

$$
\begin{aligned}
79+47 &= 70+40+9+7 \\
&= 110+16 \\
&= 126
\end{aligned}
$$

←10の位同士、
１の位同士を足す！

筆算では１の位の数同士から足していくのですが、このやり方では大きい位の数から足していきます。そうすると、およその大きさがすぐわかり、とんでもなくはずれた答えを出しにくくなります。

三つ目は、この問題の場合**最もおすすめの方法**で79を80－１と考えて、47に80を足して１を引く方法です。127－１で126とすぐに出ます。

$$79+47=80-1+47$$
$$=127-1$$
$$=126$$

←頭の中で「79＝80－1」と考える！

四つ目は、三つ目と少し似ていますが、47から79に１を貸して、46＋80を計算するというやり方です。このやり方でも126がすぐに出ます。

$$79+47=79+1+47-1$$
$$=80+46$$
$$=126$$

←47から79に１を貸してあげる！

暗算の名人は、こうしたいろいろなやり方を一通り試してみたことがあって、問題ごとに、一番やりやすいやり方を選び出して暗算します。また、別のやり方で暗算して答えをたしかめると、うっかりミスもなくなりますね。この、複数の方法ですばやく計算してうっかりミスをなくすことが、暗算ではすごく大切です。

練習問題

1 59＋76＝

ヒント

1　59 ⟹ ○○○ ⟹ ○○○
　　まず70足し　次に６足す

2　76から１借りて、60＋○○と考える。

両方のやり方でやってみて、同じ答えになるか検算してみよう。

1 135

※もちろんほかの方法でもいいよ。
でも、１の位が９のケースはすぐ１を貸せるので、**2**が楽かな。

2 37＋87＝

ヒント

37 → 30と７　87 → 80と７　⇒　30＋80　７＋７　としてドッキング。

3 47＋56＝

ヒント

47はあと３で50だ！　⇒　56から47に３を貸そう。
※47＋53が100になることが早見えすれば、56を53と３に分解する手もあるよ。
足して100になるケースをすぐに見抜くのもコツの一つだよね。

4 68＋88＝

ヒント

４通りのうち好きな２通りで試してみよう。
※はじめは少しむずかしく感じるけれど、68と88をそれぞれ70、90に２足りない数と考えてみてごらん。70＋90ならかんたんだよね。それからよけいに足しちゃった２と２を引けば……。
こうやっていろんな方法で検算するくせをつけるといいよ。

5 39＋77＝

ヒント

これはどのやり方がいいか、自分で考えてみてごらん。いろいろなやり方があるよ。30＋70をぱっと見抜くか、39＋1＝40を見抜くか。

どの問題も、自分でどれがいいか判断できるようになるといいね。ドリルはそんな感じでやってみよう！

6 48＋84＝

ヒント

これは10の位と1の位がひっくり返っている（4と8）。こういう場合は40＋80で120。あとは1の位の和の12を足すと……。

7 89＋91＝

ヒント

9＋1が10と見抜けば80＋90＋10。

でもなれてくれば90×2でもできるよ……。

8 72＋59＝

ヒント

いろいろなやり方でできるけれど、ここでは風変わりなやり方を紹介しよう。72＋28＋31とする（59を28＋31と分解）。

72があと28で100になることを見抜ければこれでもいい。

答え

2 124
3 103
4 156
5 116
6 132
7 180
8 131

では、いよいよ暗算（あんざん）にチャレンジ！

1. 37＋46＝
2. 47＋74＝
3. 58＋69＝
4. 67＋78＝
5. 77＋88＝
6. 29＋93＝
7. 69＋47＝
8. 38＋97＝
9. 49＋138＝
10. 37＋24＝
11. 68＋129＝
12. 144＋196＝
13. 119＋297＝
14. 235＋396＝
15. 86＋333＝
16. 176＋177＝
17. 57＋76＝
18. 169＋276＝
19. 298＋43＝
20. 294＋87＝

◇◇

暗算（あんざん）のヒント

1 37　⇒　77　⇒　○○

2 ケタごとに足（た）し、110と11をドッキング

3 58＋70から１を引（ひ）く

4 67＋80から２を引（ひ）く

5 （70＋80）と（７＋８）を足（た）す

6 93に７足（た）すと100。そこで29－７＝22と足（た）す

7 60＋40＝100を見抜（みぬ）ければあとは９＋７を足（た）すだけ

8 38から97に3を貸す

9 138＋50－1と考える

10 37　⇒　57　⇒　○○（24を20と4に分け順に足す）

11 70＋130からよけいに足した3を引く

12 144から196に4をあげる

13 120＋300から足しすぎた合計4を引く

14 235と400を足し4を引く（396＝400－4）

15 90と333を足して4を引く

16 176　⇒　276　⇒　346　⇒　○○○

17 50＋70の120と7＋6の13を合わせる

18 160＋270＝430と9＋6＝15を足し合わせる

19 300＋43から2を引く

20 87から294に6を貸す

上ではいろいろなやり方のうち、なるべくよい解き方を一つだけ書きました。

でも、なるべく多くのやり方を試して、検算することが大切です。頭の中に数をとっておくのがむずかしい場合は、途中でメモをとってもいいですが、だんだんと、メモをとらないでもできるようにしていきましょう。

次の問題には、奥の手があります。

▶奥の手

5 77＋88＝11×15＝165

77は11が7個、88は11が8個だから、11は合わせて15個

16 176＋177＝176×2＋1と考えて、352＋1で、353

答え

1 83
2 121
3 127
4 145
5 165
6 122
7 116
8 135
9 187
10 61
11 197
12 340
13 416
14 631
15 419
16 353
17 133
18 445
19 341
20 381

2 589＋762を暗算する

どの順番で足してもだいじょうぶ

３ケタの暗算の場合は、「位」ごとに分けて考えてみましょう。589を位ごとに分けると、500+80+９、762は700+60+２。６つ数が出てきますね。これらの数は、どの順番で足してもかまいません。

たとえば、

❶ 589＋762 ＝589＋700＋60＋２

⬆589に、762を位ごとに足していく！

＝1289＋60＋２

＝1349＋２

＝1351

というやり方でもいいですし、次のやり方もよい方法です。

❷ 589＋762 ＝500＋700＋80＋60＋９＋２

⬆位同士の足し算を順番に行う！

＝1340＋11

＝1351

しかし、私はこのタイプの暗算をするときは特に次の方法をすすめます。

❸ まず**上２ケタ同士に注目**し、58+76で134と出す。０をつけて1340。あとは９＋２＝11を足して1340+11で1351。

答えを出したら、１の位があっているかどうか、いつでもたしかめるくせをつけましょう。答えがうっかり1352になっていたら大変です。

9＋2の1の位は1ですから、2ではないですね。

さらに、三つのうち二つのやり方でやってみて、答えがあっているかどうかたしかめたら、より安心できますね。

練習問題

1 368＋482＝

ヒント

1　36＋48（上2ケタ同士を足す）。結果に0をつけて○○○。
これに8＋2＝10をドッキングするのが速そう！

2　300＋400＝700に下2ケタ同士の68＋82をドッキング。

※ほかのやり方も試して、どれがかんたんそうか考えながら検算もしてみてね。

2 762＋973＝

ヒント

位ごとに、700＋900、60＋70、2＋3を足してからドッキングしてみよう。

※これが一番普通だろうけど、ほかにもいろいろやり方はある。

97って数字のならびは100に近いよね。あといくつで100かと考えると3だよね。

そこで、762から973に30貸してあげて732＋1003とする。これを覚えられれば（問題を見ながら覚えていいよ）、あとは1700と35だよね。

答え

1 850

2 1735

3 369＋829＝

ヒント

36と82を足して0をつけてから18を足すのが速いかな。

※なれてきたら、370と830を足してよけいに足した（1＋1）の2を引く手もあるよ。

4 678＋456＝

ヒント

600＋400＝1000を見抜こう。

あとは下2ケタ同士、78＋56を1000にくっつける。

※普通のやり方でもやってみよう。

くどいようだけど、いろいろなやり方で試して検算し、うっかりミスを防ぐのが基本なんだ。

5 356＋245＝

ヒント

356 ⇒ まず200足す ⇒ 40足す ⇒ 最後に5足す。

別解 35＋24の結果に0をつけ、6＋5の11をドッキング。

※なれてきて早見えすれば奥の手もあるよ。

355に245を足すと、600になることがすぐに見えれば、あとは1だけ残るもんね。

足してきりのよい数になることに敏感になっておくと、そのうちこういうことができるようになるよ。

6 474＋478＝

ヒント

普通のやり方でやってみよう。

でもかけ算ができる人なら、476×２が速いかな（476は474と478の真ん中の数）。

7 827＋679＝

ヒント

27と足して100になる数ってなあに？

73とわかれば679を173と506に分ける手があるよ。

827 ＋ 173 506

答え

3 1198

4 1134

5 601

6 952

7 1506

では、いよいよ暗算にチャレンジ！

1. 189＋357＝
2. 264＋355＝
3. 354＋458＝
4. 197＋363＝
5. 289＋367＝
6. 456＋529＝
7. 375＋296＝
8. 538＋237＝
9. 297＋486＝
10. 346＋288＝
11. 193＋238＝
12. 274＋497＝
13. 382＋688＝
14. 258＋358＝
15. 217＋718＝
16. 308＋496＝
17. 238＋377＝
18. 286＋689＝
19. 562＋293＝
20. 468＋567＝

◇◇

暗算のヒント

1. 18＋35の結果の53に０をつけて、16と足す
2. 26＋35＝61に０をつけて、あと９
3. 35＋45＝80に０をつけて、あと12
4. 197に363から３を貸すと200＋360になる
5. 367から289に11貸す
6. 45＋52＝97に０をつけて15を足す
7. 375から296に４を貸す

8 上1ケタを足した700に38＋37の75を加える

9 297はあと3で300

10 288はあと12で300

11 193はあと7で200

12 497はあと3で500

13 382はあと18で400（400と670を足す）

14 25と35で60に0をつけ、あとは八二16を足す

15 900と、17＋18＝35をドッキング

16 300+496＝796に8を足す

17 23＋37＝60に0をつけてあと15

18 286はあと14で300

19 562＋300から7を引く

20 567から468に32貸す（500＋535となる）

答え

1 546
2 619
3 812
4 560
5 656
6 985
7 671
8 775
9 783
10 634
11 431
12 771
13 1070
14 616
15 935
16 804
17 615
18 975
19 855
20 1035

この章のドリルもいろいろなやり方でやってください。特に最後は1の位をたしかめ検算してみましょう。

▶工夫

たとえば20の問題で解説すると、

（4＋5で）900、（6＋6で）120、8＋7で15

の900、120、15を、（他人がそばにいないときは）もごもごと口の中でつぶやいて足せばいいです。

これが基本なので、13の382＋688なら　900　160で1060、

あと10で1070とします。これもはじめはメモしてもいいけれど、だんだん頭の中にメモできるようにしましょう。

3 398＋567を暗算する

きりのよい数

10や100や1000はきりのよい数で、とても計算しやすくなっています。この問題だと、398が400という「きりのよい数」にとても近いですね。

400＋567であれば967とすぐ答えが出ます。

そこで、398＋567は400＋567－２として暗算するとよいということがわかります。答えは965です。

このように、**計算はきりのよい数を使って行うと、すらすら進む**ことが多いものです。

たとえば、99＋298＋197を計算するときには、きりのよい100と300と200を足して600とし、あとからよけいに足してしまった１と２と３（合計６）をまとめて引いて、594と出します。

同じやり方で、599＋633をやってみます。

599＋633 ＝600－１＋633
＝600＋633－１
＝1233－１
＝1232

筆算で計算するより楽に答えが出ますね。

あと、少しおもしろい話をします。九九の９の段は、９，18，27，36，45，54，63，72，81で、１の位は１ずつ減っています。これは９を足すということが、10を足して１を引くことと同じだからです。

練習問題

1 466＋597＝

ヒント

597はどんな「きりのよい数」に近い？
3貸せばいいよね。

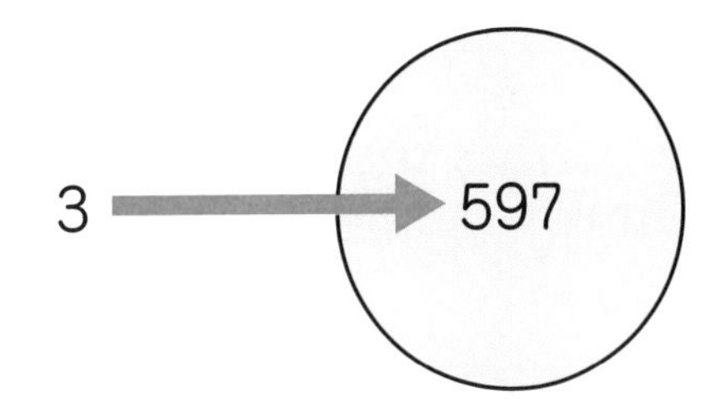

2 749＋489＝

ヒント

489にあといくつ足すとすごくきりがよくなるかな。
※749はあと１で○○○、489はあと○○で500のように考えてもいいよ。

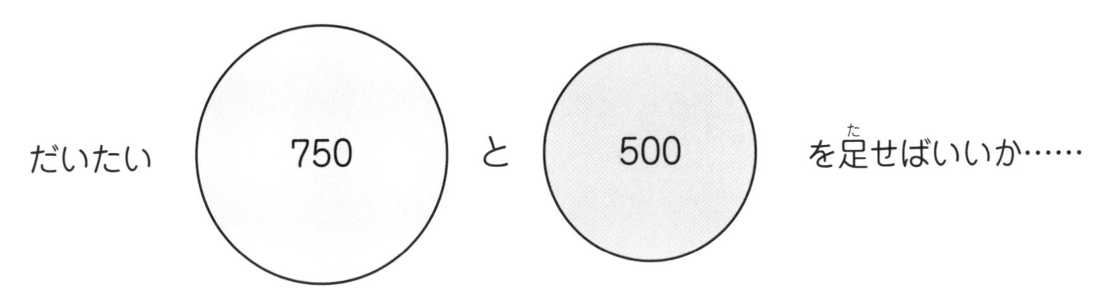

あっ！　足しすぎた。ちょっと引かなくちゃ。

3 294＋1312＝

ヒント

294はあと６で300だよね。1312から６もらおう。

答え

1 1063
2 1238
3 1606

4 385＋696＝

ヒント

どちらがすごくきりのよい数に近いかな。貸してあげる数も考えよう。

5 399＋399＋398＝

ヒント

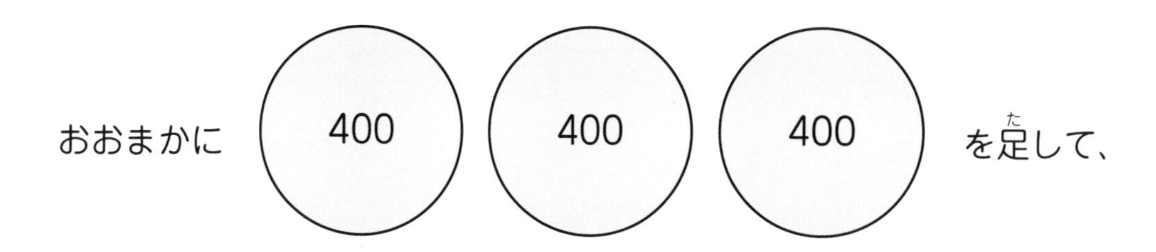

それから調節。

これはみんな400に近いね。
全部400って考えて、400×３をしてから、よけいに足した分だけ引けばいいよ。

6 999＋99＋９＝

ヒント

これもだいたい1000＋100＋10って考えてから、いくつか引くタイプだな。

この章の問題は、二つのやり方でやるというよりは、１の位をたしかめよう。それが検算の方法としては一番いいよ。

答え

4 1081
5 1196
6 1107

コラム1　もっとはじめの段階で①

本書はいわゆる無学年、つまり暗算はそもそも学校教育ではほぼ習わないので学年をこえてやろうという趣旨で書かれています。ですから時に分数、小数も出てくるし、説明には面積図主体ではあるものの中学校で習う「展開」の初歩が含まれたりもします。

「あとがき」でも書いたのですが、暗算は「実技」ですので、技術系スポーツ同様３～４歳ごろから10歳ごろまでに習得するのとそうでないのとでは、羽生結弦（はにゅうゆづる）さんと私（スケート靴を履いてリンクに出たとたんすっころぶ）ほどの差はすぐつきます。

でも、本書ですべてを書ききることは不可能なので、レベルは中くらいに絞ってあります。本書よりももっとやさしいこともしてから本書に備えたいなあ、という人もいるでしょう。そんな人にいくつかのヒントを。

１ケタの足し算、引き算、繰り上がりのない足し算や引き算、簡単な繰り上がり（27＋８、32－９程度）のある足し算、引き算と九九をこなしたら、

1．13を次々に13に足していってください。26，39，52，65，78，91，104，117……となります。同じことを、12や14～19でもしてみましょう。

何回か繰り返したあとで、今度は13×３、13×４……と順にやり、先ほどの「順々に足す」操作がかけ算とどう対応しているか実感してみましょう。

※さらに前には２や３や４……など１ケタの数でこれをやるわけです。

2．２を最初にして、次々に２をかけると、２，４，８，16，32，64，128，256，512，1024となります。これは「２のべき」といいます。1024までやったら、今度は「３のべき」、つまり、３，９，27，81，243，729くらいまでをしてください。さらに２のべきと３のべきとのかけ算のうち４×27、８×27、16×９は特に大切なので計算してみましょう。

あとは「６のべき」の最初の方（４つくらい）も試してみてくださいね。

では、いよいよ暗算にチャレンジ！

1 99＋98＋97＝

2 103＋99＋99＝

3 299＋198＋401＝

4 299＋577＝

5 196＋197＝

6 302＋599＝

7 467＋298＝

8 368＋289＝

9 799＋98＝

10 9999＋32＝

11 296＋398＝

12 597＋1089＝

13 1889＋2023＝

14 489＋978＝

15 796＋496＝

16 388＋498＝

17 279＋395＝

18 397＋496＝

19 9099＋998＝

20 398＋495＝

◇◇

暗算のヒント

1 100が三つ（100×３）の300からよけいな６を引けばよい

2 ２つの99に103から１ずつ貸す

3 300＋200＋400から１を引いて２も引いて１を足す

4 299は300－１と考える

5 200×２から４と３を合わせた７を引く

6 300＋600をしてから、細かい調節

7 467に300を足してから２を引く

8 289はあと11で300と見抜いて、368から11貸す

9 800＋100から３を引く

10 10032から１を引く

11 300＋400から合計６を引く

12 1689から３を引く

13 1800と2000で3800、80と20で100、あと12

14 978はあと22で1000

15 800と500を足して４が２個分の８を引く

16 388に500を足して２を引く

17 395はあと５で400

18 400＋500をしてから３と４を合わせた７を引く

19 1000を足してから２を引く

20 400＋500－７

答え

1 294
2 301
3 898
4 876
5 393
6 901
7 765
8 657
9 897
10 10031
11 694
12 1686
13 3912
14 1467
15 1292
16 886
17 674
18 893
19 10097
20 893

きりのよい数をすばやく見つけるのがこの章のほとんどすべてです。

ただ、はじめのほうの問題のように「同じくらいの」数がならんでいる場合、かけ算を利用することがあります。

この考え方が応用できる例を一つ挙げておくと、たとえば中学の数学で仮平均という項目で習うのですが、「５人の身長がそれぞれ172，175，169，173，168の場合の平均を求めよ」という問題の場合、普通は全部足して５でわるのですが、170を基準としてそこからの出し入れだけを考えて、170×５，＋２，＋５，－１，＋３，－２　と考えれば、170に２＋５－１＋３－２、つまり７を５でわったものを足してかまいません。

4 1000－632を暗算する

おつりの計算

この計算はお店で買い物をして、おつりをもらうときによく出てくる計算ですね。むかし、まだレジがなかったお店の人は、こういう計算にとても強かったようです。この計算なら、３通りの暗算のやり方があります。

❶ 999－632なら**くり下がりがないのでかんたん**ですね。答えは367となるので、それに１を足した368が答え（この考え方は実際にはあまり使いません。❸のやり方を覚えるとほぼ万能だからです。ただし、自分で納得するためには補助としてとても有効〈効き目があること〉です）。

❷ **1000を「９百９十と10」と考えておく。**100の位は９から６を引いて３。10の位は９から３を引いて６。１の位は10から２を引いて８。だから答えは368。**「９、９、10の法則」**と覚えてください。

でも、私は次のようにすることが多いのです。

❸ **「632はあといくつで1000になるでしょうか」と考えます。**すると300を足せば100の位が900台になり、60を足せば10の位も90台になり、ここまでで360です。992まできましたから、あと８を足します。

というわけで右の図のようなイメージで、368と出すわけです。

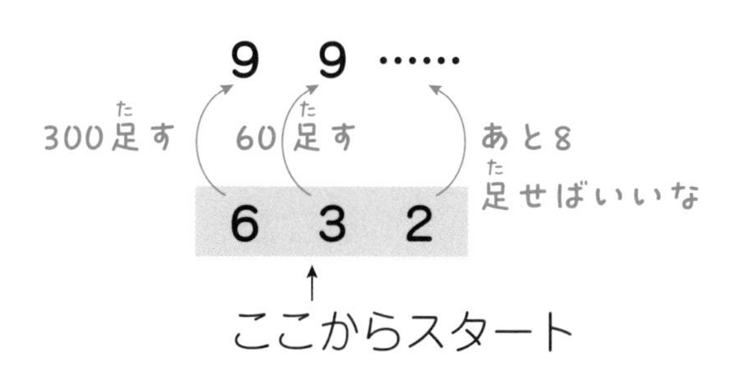

普通、引かれる数の1000を主役に考えますが、引く数の632の方を主役と考えれば、「もういくつ足せば1000になる？」と考えることができるわけで、これは、引き算は足し算のいわば「逆」であるという事実に

もとづきます。
　同じことがあとの章のわり算（かけ算の逆）で出てきますよ。

　では、このやり方で800－347の暗算をしてみましょう。
　まず３を７にするために400、４を９にするために50、最後に７を10にするために３を足さなければなりません。ということで、453が答えになるわけです。

練習問題

1　1000－387＝

ヒント

　３はあと○で９　……　つまり300はあと○○○で900
　８はあと○で９　……　つまり80はあと○○で90
　７はあと○で10　……　これで全部合わせると1000
というように考えて、○の中に当てはまる数を書きならべると答えだよ。

1　613

2 1000－276＝

ヒント

君は276だ。1000になりたいんで、100の位から近づいていこう。
700足すと976になって近くなった。今度は10の位で、
20足すと996まで来たぞ。あとは、
○で1000になるな。

2 ⇒ 9 ○
7 ⇒ 9 ○
6 ⇒ 10 ○
○の中に当てはまる数をならべれば答えになるよ。

3 11－2.78＝

ヒント

2.78を11に近づけたい。
2から11に近づくには８必要（９足すと、オーバーしちゃうよ）。
0.7を小数点以下１の位でなるべく１に近づけるには0.2必要。
あと小数点以下２ケタの数で調節すれば答えになるよ。

答え

2 724
3 8.22

コラム2　もっとはじめの段階で②

暗算は「技術系」。さらっと理屈をやったあとでは慣れ親しむ世界です。たとえば、水泳でツービートクロールなどといっても、座学の言葉だけでは何にもなりません。実際に泳いでみないと。暗算も全く同じです。

そうしたとき、言葉でいくら言ってもわからないことがあります。本書では言葉にしにくい箇所も何とか言葉で補うように努力はしたのですが、それでも言葉での説明には限界があります。逆に大切なのは「暗算ができるやつの頭の中を覗(のぞ)く」ことで、本書で「工夫！　工夫！」と口を酸っぱくして言ったのはそのため。学ぶ側が「こいつ暗算するとき何を考えてるの？」と必死で技術を「盗まないといけない」のです。

さて、本書以前のやさしい訓練の紹介。

1．足して100になる数をすばやく見つける訓練。これは二人でできるといいですね。一人が42と言ったら相手が58と答える、という具合。

2．102−89のようにケタをまたぐ引き算は苦手な人が多いので、少し集中してやっておいた方がよいでしょう。

3．12×７、12×８、12×９、13×６、13×７、13×８……など10台の２ケタ×１ケタの大きい方の数のかけ算は、表でも作って訓練するといいですよ。

4．あとは点数計算のあるトランプゲームなどで遊ぶといいですね。また魔方陣、一筆書きなどちょっと面白い趣向のある算数ゲーム（？）もおすすめです。巷(ちまた)の数学パズルも凝(こ)りすぎて中毒にならなければ有効です。

二人で代わりばんこに５以下の数を言いあっては足していき、最初に和が30以上になった方が負けなんて簡単なゲームもはじめは面白いです。

個人的なことで恐縮ですが、私は小さいころ親にトランプやダイス（さいころゲーム）、双六(すごろく)で、散々遊んでもらいました。

もしかしたら、知らぬ間に暗算前の基礎力がついていたのかもしれません。

では、いよいよ暗算(あんざん)にチャレンジ！

1. 1000－582＝
2. 1000－289＝
3. 1000－341＝
4. 10000－3821＝
5. 10000－2076＝
6. 10000－3991＝
7. 10000－73＝
8. 900－189＝
9. 600－277＝
10. 800－294＝
11. 1700－812＝
12. 1－0.12＝
13. 1－0.567＝
14. 10－1.672＝
15. 100－0.106＝
16. 71－0.18＝
17. 1003－276＝
18. 10010－599＝
19. 1000－21.74＝
20. 1000－37＝

◇◇

暗算(あんざん)のヒント

1. 5⇒9　8⇒9　2⇒10の4，1，8をならべるよ
2. 700足(た)すと989、さらに10で999、あと1
3. あくまで341が主役(しゅやく)。1000まで、あと6，5，9
4. 目標(もくひょう)は9，9，9，10。各(かく)ケタで6，1，7，9とならべよう
5. 順(じゅん)に、7，9，2，4
6. 順(じゅん)に6，0，0，9をならべるよ
7. 73は0073と考(かんが)えてもいい。順(じゅん)に9，9，2，7

8 900は800＋90＋10。よって8，9，10まで、7，1，1
9 だんだん近づいていく。300足して20足してあと3
10 500足して……あと6
11 812が主役。800足すと1612になり、あと88
12 1.00－0.12と考えれば小数でも同じこと
13 9，9，10まで順に4，3，3。あとは小数点をつける
14 1から9まで8、6から9まで3のように、以下同様
15 答えは99.……の形。あとは8，9，4とならべよう
16 答えは70.……の形。あとは8，2とならべる
17 7，2とならべると996までくるので、あと7
18 10010から0599を引くような感覚
19 978.として999まで到達してから、あとはならべる
20 1000－037。だからならべて9，6，3

答え

1 418
2 711
3 659
4 6179
5 7924
6 6009
7 9927
8 711
9 323
10 506
11 888
12 0.88
13 0.433
14 8.328
15 99.894
16 70.82
17 727
18 9411
19 978.26
20 963

一番大事なのは引く側を主役としてながめることです。「あといくつ足したらよいのかな」という考え方は、引き算が足し算の逆であるという事実から来ます。

1000－582＝418　1000＝582＋418という二つの式を比べてみてください。582に何を足せば1000になるのかな、と推理する考え方でいいのだとわかりますね。

そこで1000になるべく近づけるために、まず990台にしようとして100の位では400を、10の位では10を足して992まで持ってきます。あとは8だな。そんな感覚なのです。

あと、答えを出したあとでは検算として足し算をすることをすすめます。582＋418で1000になるな、とすれば検算終了です。検算でも、1の位をたしかめる、逆に足し算をしてみる、などいろいろな方法でやりましょう。

5 1316−598を暗算する

わざとよけいに引く

先ほどの1000−○○○という計算は「引かれる数」が「きりのよい数」でしたが、今度は**「引く数」のほうが「きりのよい数」に近い**問題です。

もし、1316−600だったらかんたんですね。

1300から600を引いて700。この計算では下２ケタの16はそのまま残りますから、さっと716が出ます。

しかし、これでは598を引いたことにはなりません。２だけよけいに「引きすぎて」いますよね。そこで、引きすぎてしまった２をもとに戻して、718が1316−598の答えになります。おさらいすると、

1316−598
→わざと598を600として1316−600を計算(わざとよけいに引く)して716
→引きすぎた２をもとに戻して718

「1316円持っているときに、598円あげるのと、600円あげてから２円返してもらうのは、同じことだもんな」ということです。

練習問題

1 1341−298＝

ヒント

298個引く ⇒ 多めに300個あげてから２個返してもらう。

つまり300引いてから、○足せばいいよね。

2 796－199＝

ヒント

199引く　⇒　きりのよい○○○を引いてから○足すのと同じ。

3 1281－189＝

ヒント

うっかり190を引くとかえってめんどうかな。思い切って200引いてから、○○戻してみようと考えて……。

4 3.24－0.98＝

ヒント

1引いてから0.02戻そう。
※小数の計算でも基本は同じだよ。

5 5.12－3.96＝

ヒント

3.96はどんなきりのよい数に近いかな。
ここまで来たら、あとも同じ考え方だから、いくつ引いていくつ戻すのかは自分で考えてみよう。

答え

1 1043
2 597
3 1092
4 2.26
5 1.16

では、いよいよ暗算にチャレンジ！

1. 768－299＝
2. 486－187＝
3. 463－296＝
4. 354－197＝
5. 1012－596＝
6. 377－198＝
7. 1523－899＝
8. 1256－487＝
9. 1562－377＝
10. 1007－598＝
11. 5216－3888＝
12. 3076－1995＝
13. 1234－389＝
14. 1.57－0.99＝
15. 3.24－1.89＝
16. 5.16－0.97＝
17. 12.12－3.89＝
18. 10.55－3.96＝
19. 29.7－3.93＝
20. 30.88－21.99＝

暗算のヒント

1. 300を引いて引きすぎた１を足す
2. 200を引いて引きすぎた13を足そう
3. 300を引いて引きすぎた４を足す
4. 今度は式でいえば354－197＝354－(200－３)＝154＋３
5. 600を引いて余分に引いた４を足すよ
6. 200を引いてよけいに引いた２を足そう
7. 900を引いて引きすぎた１を足す

8 500を引いて引きすぎた13を足す

9 400を引いて引きすぎた23を足すよ

10 600を引いて引きすぎた２を戻そう

11 4000を引いて引きすぎた112を戻せばいい

12 2000を引いて５を戻す

13 400を引いて引きすぎた11を戻すよ

14 １を引いて、引きすぎた0.01を足そう

15 ２を引いて、引きすぎた0.11を足す

16 １を引いて、引きすぎた0.03を足せばいい

17 ４を引いて引きすぎた0.11を足す

18 ４を引いて引きすぎた0.04を足そう

19 ４を引いて引きすぎた0.07を足すよ

20 22を引いて引きすぎた0.01を足せばいい

答え

1 469
2 299
3 167
4 157
5 416
6 179
7 624
8 769
9 1185
10 409
11 1328
12 1081
13 845
14 0.58
15 1.35
16 4.19
17 8.23
18 6.59
19 25.77
20 8.89

この章の計算は比較的単純で、きりのよい数に近い数を引くのに、わざと引きすぎてから、引きすぎた分を戻すというものです。

11 5216－3888の場合、
「4000引いてから112戻す、3900引いてから12戻す」
など、いろいろできますので、試してみてください。

また、あとの章で紹介する方法でもできる問題がたくさんありますので、好きなやり方を２種類くらい試して検算できるようになるといいですね。

6 1012－676を暗算する

山登りの引き算

引き算は足し算の逆です。この問題は、「1012から676を引くには……」と考えるより、676を主役にして**「676にいくつ足せば1012になるのかな？」**と足し算で考えたほうが速くできます。

右の図を見てください。

高さ676メートルの場所から1012メートルの山の頂上まで登るには何メートル登らなければならないのでしょうか？

すると、676メートルの場所から、途中の1000メートルまでを、さっきやった第４章（28ページ）のやり方で暗算して、324メートル。あと12メートルなので、頂上までの高さは、324＋12で336メートルです。

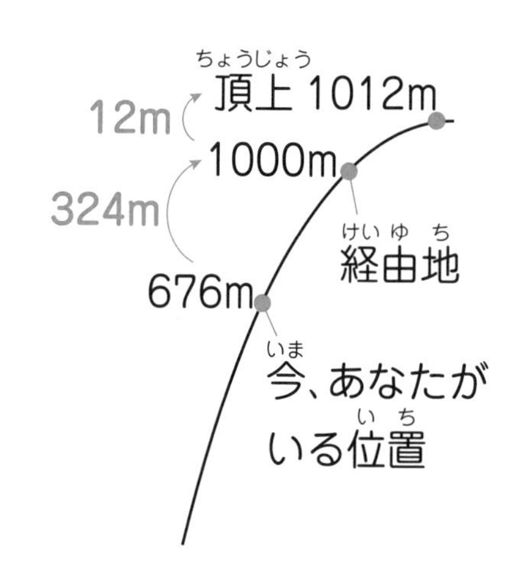

つまり、1012－676＝336です。

これは見方を変えれば、下の図のような数直線で、676を表す点と、1012を表す点とのあいだの距離を考えたことになります。

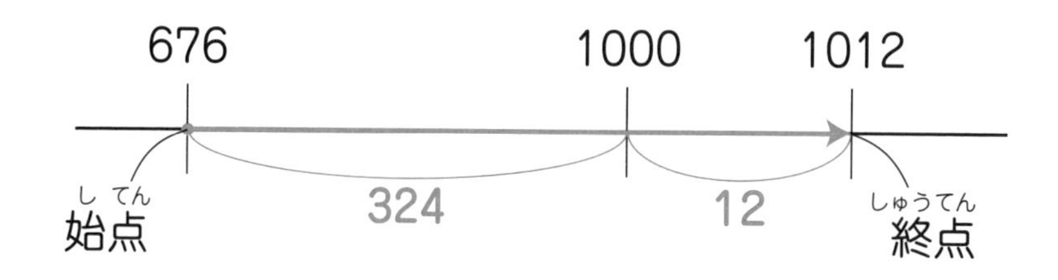

※「引き算は距離」という発想は、いまは「ふーん」と納得するだけでよいけれど、そのうち、とても大切な考え方になりますよ。

練習問題

1 1025－788＝

ヒント

この章のヒントは一部図で書くよ。引き算は足し算の逆だから、引く数を主役にする。

下の図で考えよう。788を主役としてながめる。あと〇〇〇で1000、あと〇〇で1025。

その二つを合わせて答えは〇〇〇。

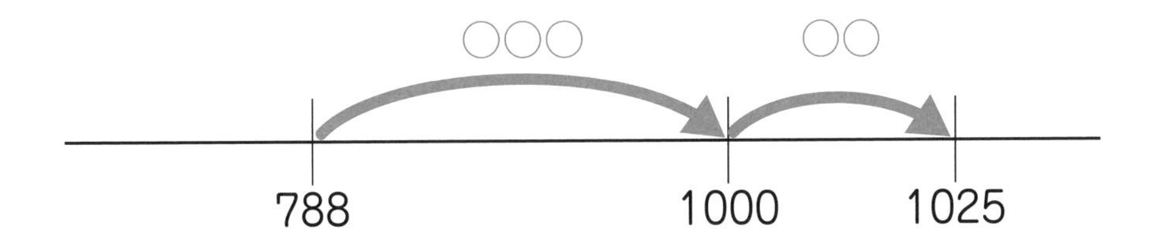

2 1036－784＝

ヒント

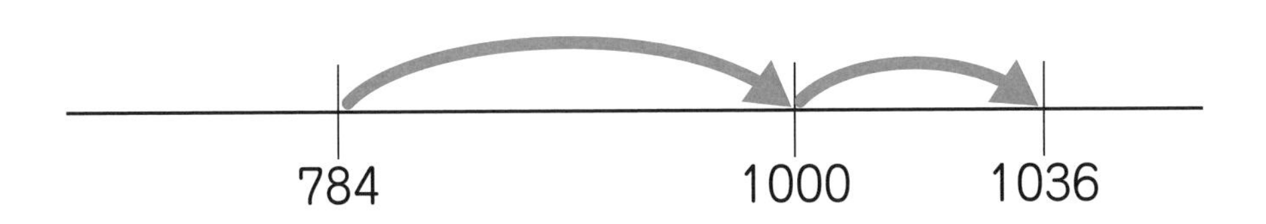

答え

1 237

2 252

3 912－686＝

ヒント

686 ⇒ 700 ⇒ 912

でもいいし、

686 ⇒ 700 ⇒ 900 ⇒ 912

でもいいね。

4 383－177＝

ヒント

ちょっと工夫してみよう（普通のやり方でもいいけれど）。
次のように考えると楽かも。

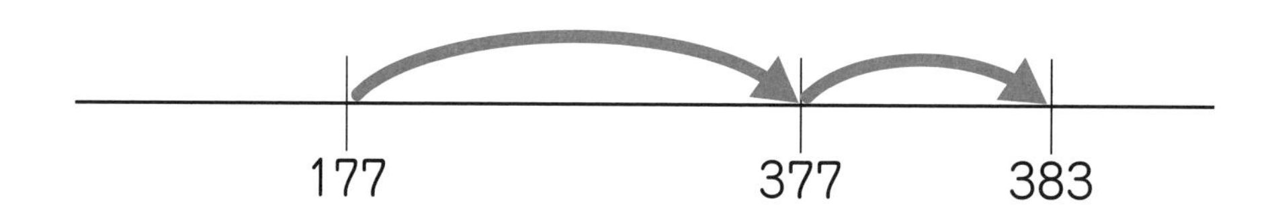

5 724－569＝

ヒント

569 ⇒ 700 ⇒ 724

と考えてもいいし、

710－560と14－9に分けてから足す手もある。
複数のやり方でできるのが一番なんだ。

569を524と45に分けて724から524をまず引いて、最後に45を引いてもいいよ。

72から56を引き16として0をつけ足して160とし、そこから5を引いたっていいんだ。

6 1245−786＝

ヒント

いろいろなやり方があるけれど、素直に

786 ⇒ 1000 ⇒ 1245

が速いかもね。

答え

3 226

4 206

5 155

6 459

では、いよいよ暗算（あんざん）にチャレンジ！

1. 308－139＝
2. 712－259＝
3. 505－178＝
4. 825－166＝
5. 707－278＝
6. 1007－328＝
7. 1011－888＝
8. 2023－357＝
9. 10007－3456＝
10. 10032－3889＝
11. 1025－588＝
12. 10008－1256＝
13. 2023－1337＝
14. 10003－1561＝
15. 10312－7819＝
16. 10.05－1.93＝
17. 10.21－1.93＝
18. 10.33－5.67＝
19. 11.11－7.77＝
20. 10051－7856＝

◇◇◇

暗算（あんざん）のヒント

1. 139から300まで161。あと８で308に到達（とうたつ）
2. 主役（しゅやく）は259。700まで441、あと12で712
3. 500が経由地点（けいゆちてん）だよ
4. 800が経由地点（けいゆちてん）だよ
5. 700が経由地点（けいゆちてん）だよ
6. 1000まで登（のぼ）ってあと７だよ
7. 1000まで登（のぼ）ってあと11

8 2000まで登ってあと23
9 10000まで登ってあと7
10 10000まで登ってあと32
11 1000が経由地点だよ
12 10000が経由地点だよ
13 2000が経由地点だよ
14 10000が経由地点であと3
15 10000が経由地点だけれどちょっと複雑だね
16 経由地点は10でも2でもいいよ
17 これも経由地点は10でも2でもいいよ
18 経由地点は10だね
19 経由地点は8でも10でも11でもいいよ
20 経由地点は10000がいいね

どの問題もいろいろなやり方ができます。たとえば16 10.05－1.93の場合、2を引いて引きすぎた0.07を足してもよい。

19 11.11－7.77の場合、次の章のやり方で、11から7を引き4、0.77から0.11を引いて0.66、答えは3.34と出してもいいのです。

答え

1 169
2 453
3 327
4 659
5 429
6 679
7 123
8 1666
9 6551
10 6143
11 437
12 8752
13 686
14 8442
15 2493
16 8.12
17 8.28
18 4.66
19 3.34
20 2195

▶奥の手

15 10312－7819　103と78の差は25。下2ケタは似ているから「だいたい2500くらいかな」と見当がつけば7819に2500を足して様子をみます。10319になって7大きすぎるので、答えは食い違いの7を調節して、

2500－7＝2493

です。こういうだいたいの「かん」が働くようになれば一人前。

7 827－339を暗算する

強い弱いの引き算

お話のかたちでこの引き算を説明しましょう。

はるとくんは827個のおはじきを、さくらさんは339個のおはじきを持っていて、どちらが何個多いかを比べます。

そこで、二人は次のようにおはじきをならべました。

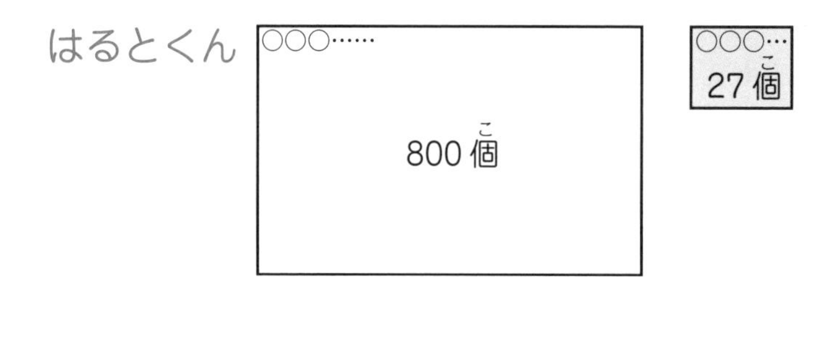

さくらさん

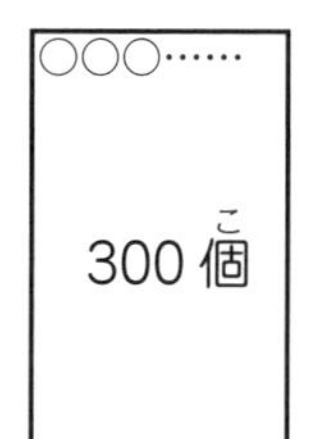

こうしておいてから、まず800個と300個とを比べました。

どちらも300個ずつその場から取りのぞくと、はるとくんに500個残ります。「500個ぼくの勝ちね」とはるとくんは思いました。

次に、27個と39個とを比べ、27個ずつ取りのぞくと、今度はさくらさんのほうに12個残ります。

「おやおや、今度は12個の負けか」とはるとくんは思います。

最後に、残った500個と12個とを比べると、12個ずつ取りのぞいたときに、はるとくんのおはじきは488個残り、さくらさんのおはじきはなくなりました。
　まとめると次のようになります。
　はるとくんの827とさくらさんの339を比べると、まず100の位で見るとはるとくんはさくらさんよりも500強い。でも10と１の２ケタでは、逆にさくらさんがはるとくんより12強い。最後の決戦で、500と12を比べて、500は12より488強い……と出すわけです。
　これを式にすると次のようになります。

$$827-339=(800+27)-(300+39)$$
$$=(800-300)-(39-27)=500-12=488$$

　式の途中で、**27を－(…－27)のように直すのが一つの工夫ですね。**こうした工夫を考えなくても、暗算ではそれを自然に行っていることになります。

練習問題

1　902－714＝

ヒント

　自分の900は700より○○○多い（強い）。
　相手の14は自分の２より12多い（強い）。
　最後に、残った200と12で決戦をし、答えは200－12で、○○○。

答え

1 188

2 345－157＝

ヒント

300と100を比べる。

45と57を比べる。そして決戦。

3 523－435＝

ヒント

イメージとしてはこんな感じかな（最後に100と12で決戦）。

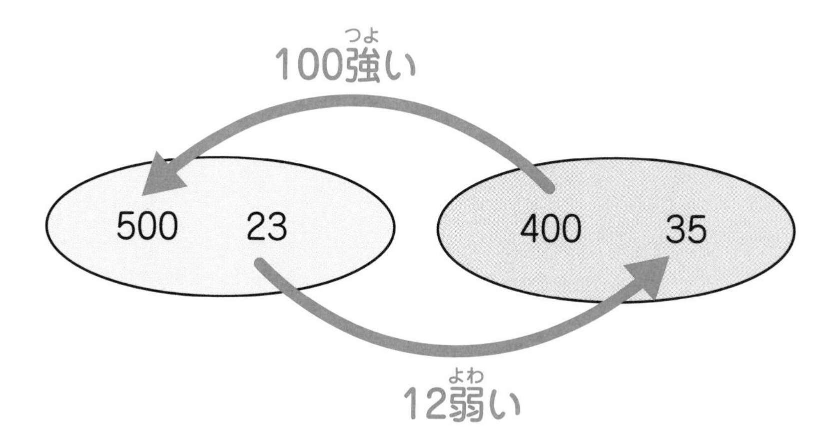

よく見ると下2ケタで引く側が「強い」ときこの計算が有効だよね。では次のような問題ではどうかな。

4 608－154＝

ヒント

この問題では600と150では、600が○○○強い。8と4でも8が4強い。合わせて答えは○○○とした方がよいだろう。

5 1127−156＝

ヒント

この問題では少し高度なこともやってみよう。

1127を1107と20に、156を106と50に分ける。

1107は106より1001強い。20は50より30弱い。さて、決戦というわけだ。

この、強い弱いの引き算はさっきも言ったように下２ケタで引く側が「強い」場合によく使うんだけれど、同時に「山登り式」（第６章、38ページ）も有効なことが多いので、そのやり方でもやってみて、２通りで検算ができると一番いいね。

答え

2 188

3 88

4 454

5 971

では、いよいよ暗算(あんざん)にチャレンジ！

1 836－448＝

2 512－233＝

3 567－378＝

4 324－136＝

5 576－281＝

6 723－545＝

7 616－329＝

8 356－167＝

9 1245－967＝

10 978－389＝

11 512－326＝

12 741－356＝

13 676－389＝

14 1036－747＝

15 1317－639＝

16 1111－722＝

17 546－358＝

18 4678－1789＝

19 2555－1766＝

20 3036－1849＝

◇◇

暗算(あんざん)のヒント

1 800は400より400強(つよ)い。36は48より12弱(よわ)い⇒決戦(けっせん)

2 300（500－200）と21（33－12）とで決戦(けっせん)だ

3 200と11とで決戦(けっせん)

4 200と12とで決戦(けっせん)

5 300と５とで決戦(けっせん)

6 200と22とで決戦(けっせん)

7 300と13とで決戦(けっせん)

8 200と11とで決戦

9 300と22とで決戦

10 600と11とで決戦

11 200と14とで決戦

12 400と15とで決戦

13 300と13とで決戦

14 300と11とで決戦

15 700と22とで決戦

16 400（1100−700）と11（22−11）とで決戦

17 200と12とで決戦

18 3000（4000−1000）と111（789−678）とで決戦

19 800（2500−1700）と11（66−55）とで決戦

20 1200と13で決戦

下2ケタだけをながめて、右側−左側がさっとできる場合は、この方式が威力を発揮します。はじめのうちは（なれるまでは）メモをしてもよいでしょう。たとえば、12 741−356に対して、400、15とメモをして、それから400−15をしてもいいでしょう。なれてきたら頭の中に400と15をメモしてください。

答え

1 388
2 279
3 189
4 188
5 295
6 178
7 287
8 189
9 278
10 589
11 186
12 385
13 287
14 289
15 678
16 389
17 188
18 2889
19 789
20 1187

この方法を使える引き算は、かなり多くの場合ほかの方法も使えます。必ず検算するくせをつけてください。

8 364－(273－136)を暗算する

順番・くみあわせを考える

三つ以上の数の計算をするときは、**計算の順番を入れかえると、すごく速く計算できる**ことがあります。

たとえば72＋356＋128という問題。はじめから順番に足していくと大変です。

ざっと見渡して72＋128が200であることがわかれば、あとは200と356を足して556と出すことができます。

このように、足し算や引き算だけの式では、順番や組み合わせを考えて、よりかんたんそうな組み合わせを選ぶことが大切です。足し算だけの式ならば、どのような順番で足してもかまわないのです。いくつか、問題をやってみましょう。

❶ 356＋487＋644＝

これは上の問題と同じように解きます。356と644を足すと1000になることがわかれば、それに残りの487を足して、1487と答えが出ます。うっかり356＋487を先にやったら大変です。

❷ 364－(273－136)＝

「計算は（　）の中から行う」というルールをちゃんと守ると、けっこうめんどうになります。

（　）を外してしまって、364－273＋136としてから、364＋136を先に計算して500と出し、500から273を引いて227と出したほうがはるかに楽でしょう。

③ 672－183－272＝

これは、まず672から272を引いて400と出し、400から183を引いて217とします。そのとき、暗算の達人なら単に計算するだけでなく、はじめにぱっと見たとき、だいたい670から450くらいを引くから220くらいだね、１の位は７のはずだから217かな、などとおよその答えの見当はついているものです。もちろん、およその見当はついても、暗算で答えをたしかめましょう。

④ 672－183－117＝

前の問題と似ているようですが、この場合は、183と117をまとめて引きます。つまり、672－(183＋117)と考えるわけです。183＋117で300。これを672から引いて、372となります。

このように組み合わせのしかたはさまざまですし、「きりのよい数」ができないことも当然あるわけですが、「きりのよい数」ができるときもけっこう多いので、常に目配りをしていくことが大切です。

練習問題

1 729＋438＋171＝

ヒント

29と71に目がいけば、はじめに足す組み合わせがわかりそうだね。

2 382－(309－218)＝

ヒント

カッコをとって、－218を＋218にしてから順番(じゅんばん)を変(か)えよう。

3 731－283－211＝

ヒント

31と11に目(め)がいけば……。

4 900－477－223＝

ヒント

一(ひと)つずつ引(ひ)いていくより、477と223をまとめて引(ひ)く方(ほう)がトクみたいだね。

5 324＋112＋376＝

ヒント

24と76に目(め)がいけば……。

6 324－(253－176)＝

ヒント

これもカッコを外(はず)して、－176を＋176とすると、組(く)み合(あ)わせが見(み)えてくるよ。

7 531－134－281＝

ヒント

これは531と281の組み合わせがすぐに見えるけれど、いろいろ工夫して別のやり方でもやってみてね。281を231と50に分解するのも手だよ。

8 750－128－122＝

ヒント

まとめて引きたい！

この章では、まとめて100になる組み合わせに敏感であることが大切だね。

27＋73のように10の位を足すと90になり、1の位の数同士の和が10となるケースだよ。

例　57＋43，11＋89，38＋62，76＋24などはみんなそうだね。

答え

2 291
3 237
4 200
5 812
6 247
7 116
8 500

では、いよいよ暗算にチャレンジ！

1 566−298＋234＝

2 358＋412−416＝

3 328＋577−127＝

4 695−(872−305)＝

5 64＋72＋136＋28＝

6 472−389＋490＝

7 1356−(980−144)＝

8 187−98＋197＝

9 284＋687＋516＝

10 199−(56＋99)＝

11 294−(305−106)＝

12 172−77＋228＝

13 567−(428−333)＝

14 378＋159＋61−179＝

15 489−(370−111)＝

16 587−(372−69)＋331＝

17 456−327−73＝

18 489−(145＋188)＝

19 365−(412−365)＝

20 684−(365−316)＝

◇◇

暗算のヒント

1 下2ケタをさっと見て66と34に目をつける

2 412足してから416引くということは……4引くこと

3 77と27を見ると組み合わせがわかるよ

4 695＋305は？

5 二つずつ組み合わせる

6 490−389ならかんたんだね

7 56と44に注意すると……

8 −98を−97−１と分けると……

9 84と16で100だな

10 99と99があるから……

11 94＋６にピンとくれば……

12 72と28の組み合わせがピンとくれば……

13 67と33に注目

14 179を178と１に分ければ組み合わせが見えるよ

15 89＋11は？

16 69と31の組み合わせ

17 まとめて引きたい！

18 まとめてではなく、まずは188から引きたいな

19 うっかりミスに注意！　365＋365から412を引こう

20 そのままやってもできそうだけれど84と16に注目

この章では組み合わせると、きりのよいきれいな数になる組み合わせを見つけるのがカギです。

そのためには足して100になる組み合わせに敏感になることが必要です。

また、78と79のように１ちがいの数も、79を78と１のように考えることでうまくいきます。あとで１足す、あとで１引くのように覚えておけばいいでしょう。

答え

1 502
2 354
3 778
4 128
5 300
6 573
7 520
8 286
9 1487
10 44
11 95
12 323
13 472
14 419
15 230
16 615
17 56
18 156
19 318
20 635

9 8.3−0.492を暗算する
一瞬ぎょっとする小数の引き算

小数の足し算引き算も、いままでと同じように暗算できます。しかし、小数の引き算が出されると、わけがわからなくなって手がとまってしまう人が多いようです。

たとえば、次の計算はすぐにできますか？

❶ 10−0.04＝

❷ 3.5−1.51＝

「えーと、位を合わせると……」なんて考えていませんか？

❶は1000−４と同じことで、答えは9.96です。あと0.96で１、１から10までで９と考えてもよいでしょう。

❷は第７章「**強い弱いの引き算**」（44ページ）のやり方を使えば、3.5−1.5−0.01＝２−0.01となるので、答えは1.99となります。

ここまでくれば、8.3−0.492も楽なものでしょう。

８は０より８強い。0.492は0.3より0.192強いのですから、最終的には８−0.192を計算することになり、答えは、7.808です。

ほかにも例を挙げると、1.02−0.486であれば、

①第６章「**山登りの引き算**」（38ページ）を行って、
0.486から１まで0.514。あと0.02と考えて、0.534
と出してもよいし、

②「強い弱いの引き算」と考えて、
１−0.466を計算し、0.534と出してもよいわけです。

最後に、次の問題をやってみてください。

100－11.001＝

こうした問題は意味さえわかっていればとてもかんたんなのですが、見ただけでいやがる人も多いようです。答えは、88.999です。

第４章**「おつりの計算」**（28ページ）のやり方を使って、「あといくらで100になるか」と考えると、うまく解くことができます。

練習問題

1　1－0.72＝

ヒント

「おつりの計算」と同じようなものだよ。

0.72をなるべく１に近づけたい。○.○足したら0.92になり、あと0.08で１だから合わせると……。

まあ、100－72と同じことだよね。

2　10－0.72＝

ヒント

0.72　⇒　1　⇒　10

答え

1 0.28

2 9.28

3　7.07－1.08＝

ヒント

これは「小数版」強い弱いの引き算だね。

7は1より6強い。0.07は0.08より、○．○○弱い。さあ、決戦だ！

4　3－0.46＝

ヒント

これは「小数版」山登り。2．…（3から1以下の小数を引くので、まず2．……音はニイテン……）と見抜いてから、0.46から1までの山登りだ。

5　7－3.05＝

ヒント

これも3．……と見抜いてから、1－0.05をする。

まあ、700－305と同じようなものだな。400から305を引いてケタを2つおとすのと同じことだ。

6　9.5－1.56＝

ヒント

これは9.5から1.5を引いて、さらに0.06を引きます。800－6と同じような感じになるよね。

7 8.3－0.04＝

ヒント

8はとっておいて、0.3－0.04を付け加えます。これは30－4と同じようなものだよ。

8 4.23－3.67＝

ヒント

これは強い弱いの引き算の小数版だけれど2通りのやり方ができそうだね。

4は3より1強い。0.23は0.67より0.○○弱い。として決戦か、4.2は3.6より0.6強い。0.03は0.07より0.04弱いとするかは好みの問題かな。山登りでもできるから、いろいろやって検算してみよう。

9 12.01－3.24＝

ヒント

これは「強い弱い」でも「山登り」でもできそうだよ。

答え

3 5.99
4 2.54
5 3.95
6 7.94
7 8.26
8 0.56
9 8.77

では、いよいよ暗算にチャレンジ！

1. 1－0.54＝
2. 1－0.38＝
3. 1－0.036＝
4. 1－0.707＝
5. 3.36－1.49＝
6. 5－1.28＝
7. 10－2.28＝
8. 10－0.08＝
9. 100－1.69＝
10. 21－0.71＝
11. 2.52－1.59＝
12. 3.36－1.48＝
13. 5.06－2.88＝
14. 3.33－2.44＝
15. 5.7－3.603＝
16. 3.8－1.003＝
17. 12.85－3.86＝
18. 1.44－0.707＝
19. 5.1－2.12＝
20. 11.11－3.33＝

暗算のヒント

1. 0.54を主役に見る。あといくつ足せば1になる？
2. これも小数版「おつりの計算」。あといくつで1？
3. これも同じ、0.9、0.06を足して0.096。あと0.004
4. 0.29を足して、最後に0.003を足すと1になるよ
5. これは「強い弱いの引き算」。2と0.13で決戦！
6. 3.……としてから山登り
7. 7.……としてから山登り

8 9.……としてから山登り

9 98.……としてから山登り

10 20.……としてから山登り

11 これは１と0.07で決戦かな

12 ２と0.12とで決戦

13 2.88から５（経由地点）まで2.12。あと0.06

14 １と0.11で決戦

15 2.1－0.003と考える。97＋３は100になるから……

16 2.8から0.003を引く。2.7……という形になるが……

17 ９から0.01を引く。何に0.01足したら９になるかな？

18 0.74と0.007の決戦

19 ３と0.02の決戦

20 ８と0.22の決戦

答え

1 0.46
2 0.62
3 0.964
4 0.293
5 1.87
6 3.72
7 7.72
8 9.92
9 98.31
10 20.29
11 0.93
12 1.88
13 2.18
14 0.89
15 2.097
16 2.797
17 8.99
18 0.733
19 2.98
20 7.78

小数の引き算も基本的には普通の引き算と同じ技が使えます。むずかしいのはケタをそろえるところで、このドリルではわざと、最後の方に目がチカチカしそうな例がならべてあります。

たとえば18の、0.74と0.007の決戦となったら、0.740と0.007と小数点以下のケタ数をわざと同じにして740と７と同じだな、とたしかめるとわかりやすいですね。

19の３と0.02の場合は、2.9（３よりわずかに小さい）とまで言ってから、残りを調節するとよいです。

10 38×７を暗算する
「分配法則」を使おう

かけ算の暗算で、もっとも大切な法則は「分配法則」です。

たとえば、38×７は次のように考えられます。

$$38\times 7 = (30+8)\times 7 = 30\times 7 + 8\times 7 = 210+56=266$$

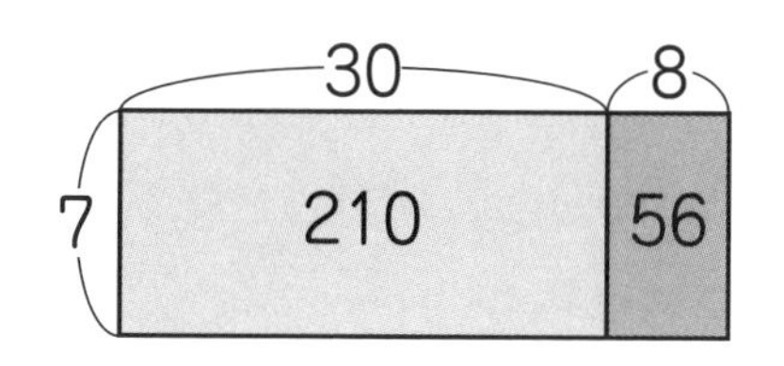

ひとまず右上の面積図も参考にして、式の流れを見てください。

ようするに、豆つぶ38個のカタマリが７つあるとき、豆つぶの合計は、

30個のカタマリ７つ

８個のカタマリ７つ

に分けて、それぞれを数えてから合計してもよいということです。

暗算をするときは、三七21の210を頭の中に残しておきながら、八七56を計算して、この二つをドッキングさせます。

計算は２段階に分かれるので、１段階目の計算結果を頭の中に残したまま、２段階目の計算をしなければなりません。

これは、なれない人にはむずかしいことなのですが、いったんコツをつかむとおもしろいようにできるようになります。

なれないうちは、12×７のようにかんたんなものからはじめ、次第にむずかしいものにも挑戦していくといいでしょう。

また、１の位が９のかけ算は、次のようにやるのも速いです。

❶ 9をかけるとき、10個分から1個分を引くと考える

例

$$17\times 9 = 17\times(10-1)$$
$$= 170-17 = 153$$

まあこの問題では90と63を足しても楽なのであまり変わりませんね。

$$28\times 9 = 28\times(10-1)$$
$$= 280-28(=280-30+2) = 252$$

❷ 39などにかけるとき、40個分から1個分を引くと考える

例

$$39\times 7 = (40-1)\times 7$$
$$= 280-7 = 273$$

$$49\times 8 = (50-1)\times 8$$
$$= 400-8 = 392$$

練習問題

1 13×8＝

ヒント

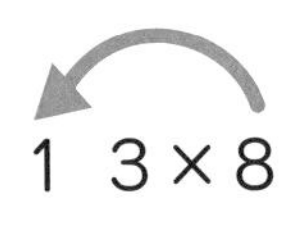

1 3×8　　まず80を頭にとっておいてから
三八24としてドッキング。

1 104

2 26×6＝

ヒント

説明のために面積図を書いてみよう。

120を頭にとっておいて、
六六36とドッキング。

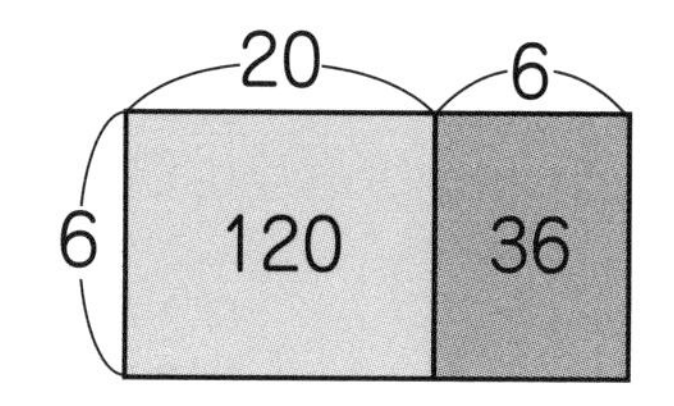

3 63×9＝

ヒント

60に9をかけて○○○を頭にとっておき、あとは九九で、三九27を足してもいいけれど、63が10個より、1個分少ないなと考えて○○○−63で出すのも手だね。

複数のやり方でやってみよう。

4 29×8＝

ヒント

これも前の問題と同じ。2通りで試してみよう。
面積図は右の通り。

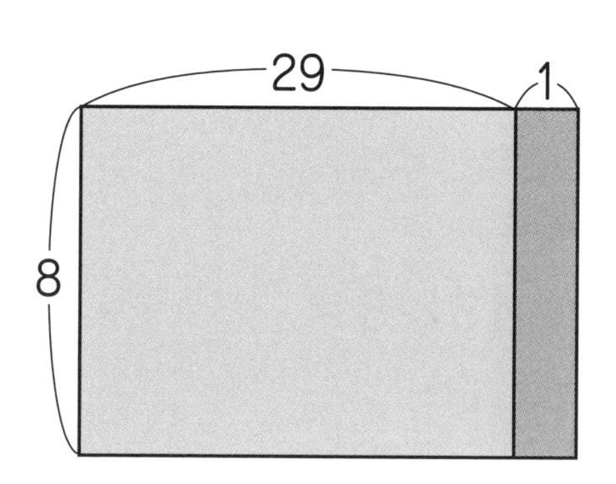

式で書けば、

(30−1）×8＝○○○−8

5 23× 7 =

ヒント

これは140と、あと○○をドッキングするのが速いかな。

以下は2通りのやり方で試してもらいたい問題ばかり。

6 24× 9 =

7 39× 7 =

8 46× 9 =

9 29× 6 =

この章の問題の頭の使い方は、まず頭の中に数をとっておきながら、九九をして最後にドッキングという手順だから、頭の中に数をとっておけるようになろう。

そのためにはしばらく練習が必要だよ。しばらくたつとみんなできるようになるんだけれどね。

29 = 30 − 1

答え

2 156
3 567
4 232
5 161
6 216
7 273
8 414
9 174

では、いよいよ暗算(あんざん)にチャレンジ！

1 14×9＝

2 28×7＝

3 36×6＝

4 72×7＝

5 57×8＝

6 19×8＝

7 39×4＝

8 67×8＝

9 69×6＝

10 47×7＝

11 38×9＝

12 18×8＝

13 37×3＝

14 46×5＝

15 57×7＝

16 63×6＝

17 27×8＝

18 88×6＝

19 67×6＝

20 47×9＝

暗算(あんざん)のヒント

1 90を頭(あたま)にとっておいてシク36（九九(くく)）を足(た)す

2 140を頭(あたま)にとっておいてハチシチ56を足(た)す

3 180を頭(あたま)にとっておいてロクロク36を足(た)す

4 490を頭(あたま)にとっておいてニシチ14を足(た)す

5 400を頭(あたま)にとっておいてシチハ56を足(た)す

6 80を頭(あたま)にとっておいてクハ72を足(た)す

7 120を頭(あたま)にとっておいてクシ36を足(た)す

8 480を頭(あたま)にとっておいてシチハ56を足(た)す
9 6が70個(こ)で420から6が1個(こ)の6を引(ひ)く
10 280を頭(あたま)にとっておいてシチシチ49を足(た)す
11 380−38と考(かんが)える
12 80を頭(あたま)にとっておいてハッパ64を足(た)す
13 90を頭(あたま)にとっておいてシチサン21を足(た)す
14 200を頭(あたま)にとっておいてロクゴ30を足(た)す
15 350を頭(あたま)にとっておいてシチシチ49を足(た)す
16 360を頭(あたま)にとっておいてサブロク18を足(た)す
17 160を頭(あたま)にとっておいてシチハ56を足(た)す
18 480と48を足(た)す
19 360を頭(あたま)にとっておいてシチロク42を足(た)す
20 470から47を引(ひ)く

9をかけるときは10倍(ばい)からその数自身(かずじしん)を引(ひ)くのが速(はや)いでしょう。もちろん 11 38×9も270にハック72を足(た)してもよいのですが。これも2通(とお)りで検算(けんざん)するとよいですね。

▶奥(おく)の手(て)

2×2×2×3×3×3=216は6×6×6でもあり、36×6でもあり、12×18でもあり24×9でも27×8でもあります。2×2×2×2×3×3=144は12×12でもあり、16×9でもあり、8×18でもあります。

こうした2と3だけをかけ合(あ)わせた、答(こた)えが144、216になるかけ算(ざん)はよく出(で)てくるのでなれるのがトクです。

また、13 の37×3=111はぞろ目(め)の111が出(で)てくることを覚(おぼ)えておくと、計算(けいさん)の幅(はば)が広(ひろ)がります。

答(こた)え

1 126
2 196
3 216
4 504
5 456
6 152
7 156
8 536
9 414
10 329
11 342
12 144
13 111
14 230
15 399
16 378
17 216
18 528
19 402
20 423

128×７を暗算する

これも「分配法則」を使うがどう工夫するか

128×７のように３ケタ×１ケタの計算も、基本的には「分配法則」を使います。

右のように**面積図**で考えると、

アの部分が100×７で700、

イの部分が20×７で140、

ウの部分が８×７で56

これらを合わせて、

700＋140＋56を高速で計算して、896と出すのが基本です。

100　20　8

7

ア 700　イ 140　ウ 56

ただし上２ケタをまとめて、

12×７＝84。これに０をつけて840。これに８×７＝56を足して896というように出す方がなれてくると速いようです。まあ、**これが一番の基本**でしょう。

またもちろん、128＝130－２（130がきりのよい数）と考えて、130×７＝910、これから７を２個分の14を引いて896と出してもよいのですが、ケースバイケースでしょう。

問題によっては、312×９のように300×９＝2700をしてから、12×９＝108を足して2808を出した方が速いものもあるので注意が必要です。

ほかにもいろいろな方法が考えられます。

１ケタの数は限られているので、×４のときは２倍して、さらに２倍するのももちろん一つのやり方です。

285×４を計算する場合は、285を２倍して570、570を２倍して1140

とする方が楽に感じられる人もいるでしょう。

485×５のように100の位が偶数（２でわり切れる数）で、×５タイプのときは、400×５＝2000をまず頭の中にとっておいてから、85×５＝425を足して2425とやることもあります。

いずれにせよ、複数のやり方でやった方が間違いは少ないですね。

×９の場合には、たとえば162×９の場合、162の10個分の1620から162を引くのも手ですが、普通に16×９＝144に０をつけて1440。これに18を足して1458とやるのも有力です。

また、９をかけたときは**「９去法」**といって９と整数をかけた数のすべての位の数を足すとやはり９の倍数になるという性質があるので（先の例では1458の１＋４＋５＋８＝18は９でわり切れる）、答えを出したあとで１の位まで、全部足して９の倍数になるかをたしかめると、うっかりミスはほとんどなくなります。

×６は×３×２とすることも多いし、そのままはじめのやり方で計算してもかんたんなことが多いので、必ず複数の方法で試してみましょう。

×８の場合には×４×２と考えるのも一つの有力な方法です。たとえば452×８だったら、452×４で1808。これを２倍して3616とします。

しかし、450×２×４＝900×４＝3600をしてから２×８の16を足して3616としてもよいし、まあ臨機応変（場面や問題ごとに適したやり方を選ぶこと）です。

８×125＝1000、８×250＝2000、８×375＝3000、８×625＝5000、８×875＝7000などがわかっていれば（なれてくればこれらは当たり前になるはず）、376×８を計算するには375×８＋１×８と分解して3008とすぐに出ますね。

３ケタ×１ケタの計算もいくつかの方法でぜひ試してみてください。

練習問題

1 139×8＝

ヒント

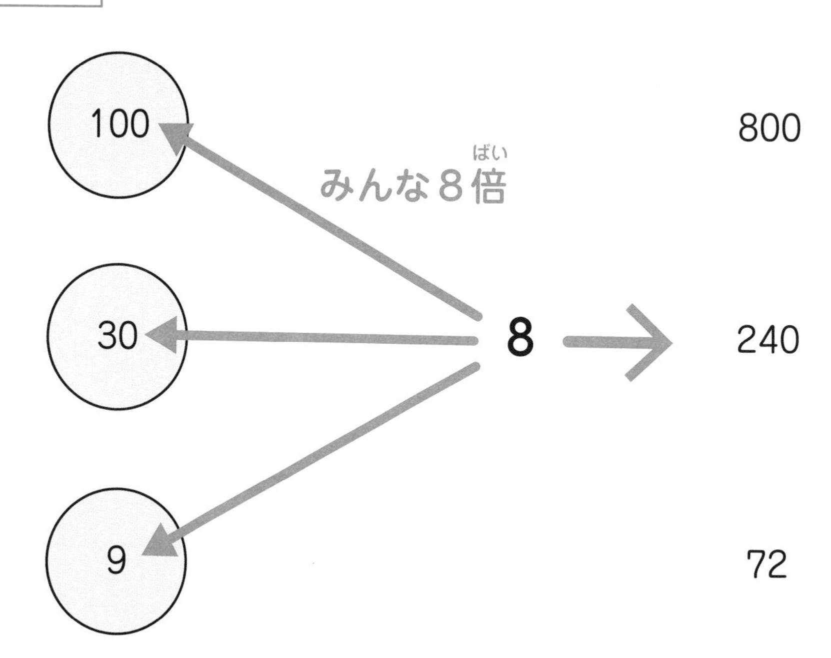

※130×8と9×8に分けてもいいし、140×8から8を引いてもいいよ。

2 713×7＝

ヒント

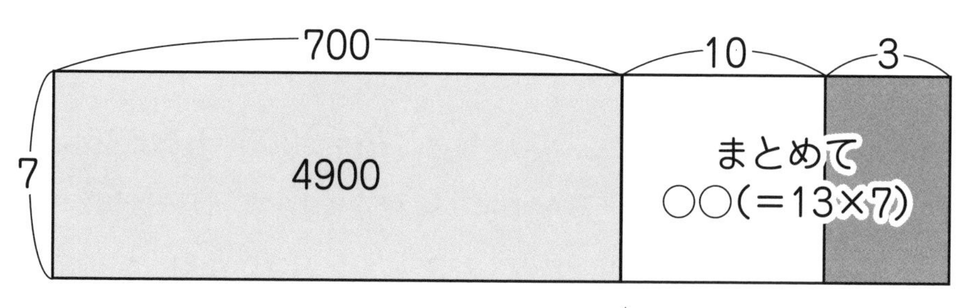

※71×7＝497に0をつけて、サンシチ21を足してもいいよね。

3 274×8＝

ヒント

式(しき)でやると、

274×8

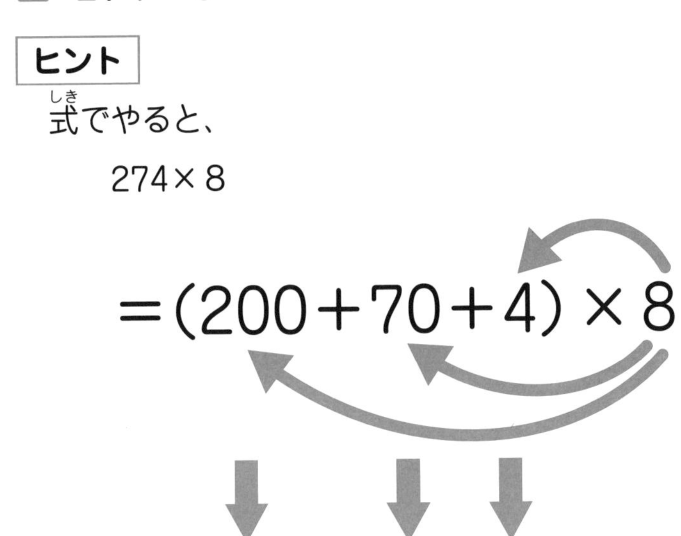

＝　1600　＋○○○＋32

250×8＝2000が見抜(みぬ)けるレベルになったら

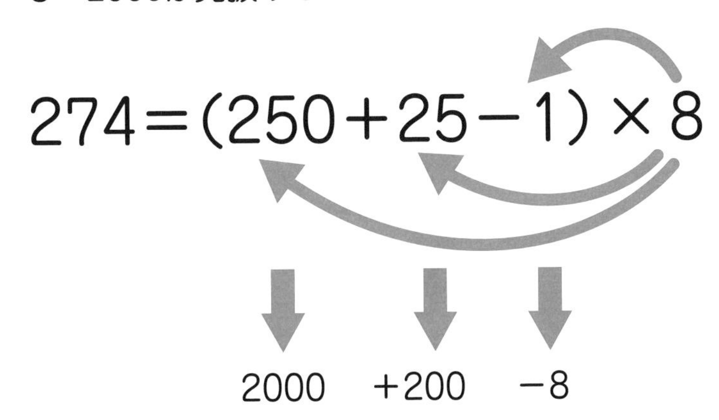

答(こた)え

1 1112

2 4991

3 2192

では、いよいよ暗算にチャレンジ！

1 137×6＝

2 318×4＝

3 629×7＝

4 299×8＝

5 312×6＝

6 417×5＝

7 378×8＝

8 466×6＝

9 133×6＝

10 167×9＝

11 397×9＝

12 872×8＝

13 256×4＝

14 143×7＝

15 627×8＝

16 377×7＝

17 418×7＝

18 512×9＝

19 256×8＝

20 149×9＝

◇◇

暗算のヒント

1 130×6＝780を頭にとっておきシチロク42（九九）と足す

2 1200（300×4）を頭にとっておき72（18×4）と足す

3 62×7＝434に0をつけクシチ63と足す

4 8が300個の2400から、8一つ分の8を引く

5 1800＋72と考える

6 2000＋85と考える

7 2400と560と64を足すのが現実的には速そう

8 やり方はいろいろ。450×６＋16×６が見えるとベスト
9 13×６に０をつけ、サブロク18を足す
10 1670－167か1440＋63か
11 これは397を400－３と考え、3600－27が速そう
12 6400＋560＋16が速いかな
13 256を250と６に分ければ1000＋24となる
14 14×７＝98に０をつけ、サンシチ21を足す
15 普通にやってもよし。625＋２が見えれば5000＋16
16 2100と490と49
17 2800と126（18×７）の組み合わせが楽かなあ
18 4500（500×９）と108（12×９）
19 250×８と６×８ ⇒ 2000と48
20 149を150－１と考えれば……

答え

1 822
2 1272
3 4403
4 2392
5 1872
6 2085
7 3024
8 2796
9 798
10 1503
11 3573
12 6976
13 1024
14 1001
15 5016
16 2639
17 2926
18 4608
19 2048
20 1341

上のやり方では、基本方針は３ケタの数の上２ケタをぱっと１ケタとかけられれば、まとめてやった方がかんたん。

３ケタの数の下２ケタをぱっと１ケタの数とかけられれば、そこをまとめた方がよい。どちらも楽でなければ地道に一つずつかけては足していくということになります。

３ケタの数がきりのよい数と近い（397＝400－３など）場合はその方がうまくいくことが多いです。

３ケタの数が125，250，375，625に近く、これと４や８をかける場合は、15 627×８＝625×８＋２×８＝5000＋16のように、やはり３ケタの数を分解した方がうまくいきます。

▶**奥の手**

14 143×７は実は７×11×13で、これはできれば覚えたい。

12 395÷２を暗算する

半分ということ①

２でわるというのは、一番やさしいわり算です。数を半分にするということです。

ただ、偶数（２でわり切れる数）を２でわるのはかんたんですが、奇数（２でわり切れない数）を半分にするのはちょっとむずかしい。８を２でわれば４ですが、７を２でわると3.5になります。奇数だと２でわったときに答えが小数になるのです。

395÷２は暗算ではどうするのかということですが、実は筆算と基本的には同じことをします。

❶395の３を２でわる……１だから100と考える。あまりの１はくりこす。

❷くりこされた100の位の１と10の位の９を合わせた19を２でわる……９だから、90と考える。あまりの１はくりこす。

❸くりこされた10の位の１と１の位の５をドッキングした15を２でわる……7.5となる。

以上より、197.5が答えとなります。

この計算を見てもわかる通り、大きなケタから順番に２でわっていき、奇数の場合は一つ下のケタに１くりこすという作業を続けるだけです。

ですから、特に11，13，15，17，19といった２ケタの奇数を２でわったときに、すぐに答えが出てくるかどうかがカギになるわけです。

なれてくると、たとえば75839を２でわったとき、

❶　前のケタから１降りてくるかどうかの判断

❷　すばやく2でわる作業

の二つを組み合わせて、7，15，18，3，19を次々と2でわり、

3，7，9，1，9，5

という文字列がすぐに頭に浮かぶようになれば、これを、

さん，なな，きゅう，いち，きゅう，ご

と覚えてから、37919.5としてもよいでしょう。

練習問題

1　523÷2＝

ヒント

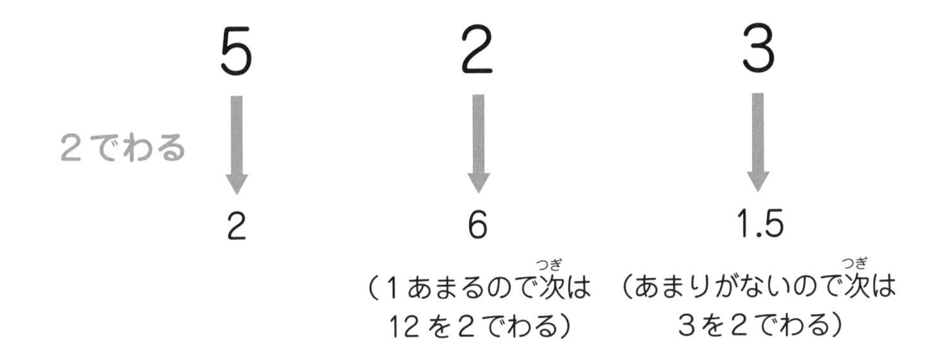

答えは、○○○.○。

2　299÷2＝

ヒント

前の問題のように考えてもいいけれど、これは300－1を2でわると考えて、150－0.5の方が速いかもしれないね。

答え

1　261.5

2　149.5

3 7117÷2＝

ヒント

奇数の場合は必ず次に1くりこすので、7117→7　11　11　17　と考えて、

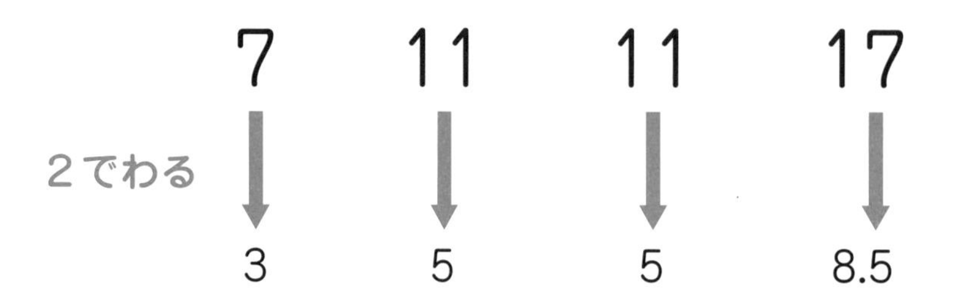

としてならべよう。

4 13.7÷2＝

ヒント

小数でも同じこと。

なれてきたら、前の数字が奇数か偶数かすぐに判断して、

1，13，17の文字列を順に2でわって（1を2でわる場合は0だからない。最後の17は85のように小数部分まで出す。最後にならべて小数点をつける）答えを出す。

5 91735÷2＝

ヒント

2でわる文字列は（すべて奇数なので）

9　　11　　17　　13　　15

6 $0.989 \div 2 =$

ヒント

2でわる文字列は

9　　18　　9

あとで小数点の位置をたしかめる（はじめから0.……のように発音しておけば楽）。

7 $1.001 \div 2 =$

ヒント

これは1と0.001をそれぞれ2でわって、ドッキングした方が速そう。

8 $3557 \div 2 =$

ヒント

2でわる文字列は

3　　15　　15　　17（すべて奇数なので）

9 $3999.4 \div 2 =$

ヒント

2でわる文字列は

3　　19　　19　　19　　14

4000−0.6を2でわってもいいね。

答え

3 3558.5
4 6.85
5 45867.5
6 0.4945
7 0.5005
8 1778.5
9 1999.7

では、いよいよ暗算にチャレンジ！

1 $15 \div 2 =$

2 $496 \div 2 =$

3 $715 \div 2 =$

4 $345 \div 2 =$

5 $57 \div 20 =$

6 $3.85 \div 2 =$

7 $1999 \div 2 =$

8 $383 \div 2 =$

9 $577 \div 2 =$

10 $37 \div 0.2 =$

11 $777 \div 2 =$

12 $365 \div 2 =$

13 $579 \div 2 =$

14 $17593 \div 2 =$

15 $3655 \div 200 =$

16 $1793 \div 0.2 =$

17 $493 \div 2 =$

18 $195 \div 0.2 =$

19 $793 \div 20 =$

20 $12345 \div 20 =$

暗算のヒント

1 これはそのまま。あえて言えば14÷２と１÷２をくっつける

2 4，9，16を２でわって書きならべる

3 7，11，15を２でわって書きならべる

4 3，14，５を２でわって書きならべる

5 5，17を２でわって書きならべ、ケタを一つおとす

6 3，18，５を２でわって書きならべ、小数点に注意

7 (2000－１)÷２の方がいいかな

8 380を２でわって190、これに３÷２を付け加える

9 280×２は560と見当をつけ、あと17÷２だな

10 ３，17を２でわって書きならべ、１ケタ上げる

11 ７，17，17を２でわって書きならべる

12 360÷２は180、これに５÷２を付け加える

13 なれてきたら直接、２，８，9.5

14 なれてきたら直接、８，７，９，6.5

15 18，27.5を書きならべ、ケタを２つおとす

16 ８，９，6.5を書きならべ、１ケタ上げる

17 200と45と1.5

18 ９，7.5を書きならべ、１ケタ上げる

19 ３，９，6.5を書きならべ、１ケタおとす

20 ６，１，７，2.5を書きならべ、１ケタおとす

答え

1 7.5
2 248
3 357.5
4 172.5
5 2.85
6 1.925
7 999.5
8 191.5
9 288.5
10 185
11 388.5
12 182.5
13 289.5
14 8796.5
15 18.275
16 8965
17 246.5
18 975
19 39.65
20 617.25

２でわる場合も、マニュアルのように覚えるより、問題に応じてやり方を変えるとよいですね。

基本は上のケタの数字から２でわっていき、奇数なら次に１をくりこし、偶数だったらそのままわり切る、という操作をくりかえすことです。

でも **7** 1999だったら2000－１と見た方がいいし、÷0.2だったら実は第17章（104ページ）のやり方で、×５といいかえた方が速いのです。**8** 383÷２で、わざわざ３，18，３を２でわっていくなんて将来的にはあり得ず、みんな190と1.5としますよ。

20でわる場合は２でわってから１ケタおとし、200でわる場合は２ケタおとすというような操作は忘れないでください。

13 54×15を暗算する
半分ということ②

かけ算の場合、**半分にするということは「0.5をかける」ことと同じ**です。

ですから、54×0.5は54を半分にして27とすればよいので、これは５をかけてから１ケタおとすよりもやさしいでしょう。

この応用問題を５タイプほど挙げてみます。

❶ 3.4×1.5＝

1.5倍するとは「自分自身とその半分とを足す」ということですから、

3.4＋1.7＝5.1

と出します。

❷ 54×15＝

54の10倍とその半分（54の５倍ですが54の半分に０をつけた方が楽でしょう）を足せば、答えが出ます。

540＋270＝810

となります。

❸ 42×0.15＝

これも同じで、42に1.5をかけてから、位を１ケタおとします。

42＋21＝63　→　6.3

というような感覚で出します。

❹ 23×0.35＝

23×3.5を計算してから、1ケタおとします。

23を３倍すると69、23の半分は11.5。この二つを足すと、80.5。これを１ケタおとして8.05と出します。0.7をかけて16.1としてから半分にしてもいいですよ。

❺ 54×0.55＝

0.55をかけるとは、「0.5倍」と「0.05倍」を足すということ。つまり、「半分と、半分を１ケタおとした数を足す」ということになります。

そこで、27+2.7で、29.7と出します。

まず54×55を考えるというやり方でもいい。54×５＝270、270の位を１ケタ上げて2700。270を足して2970。ケタを２つおとして29.7です。

暗算の基本は、あくまで複数の方法を使うことです。

練習問題

1 74×1.5＝

ヒント

74が１個で74、0.5をかけるとはその半分を出すことで37。あとはドッキング。

※計算になれてきたら74を半分に、1.5を２倍して、37×３でもいいです。

ちなみにさっきも言ったけど37×３＝111は「ぞろ目」で計算しやすいので、覚えておくとあとでトク。

2　46×15＝

ヒント

46の10倍の460と、その半分の○○○を合わせて、答えは○○○。

3　92×0.15＝

ヒント

92の0.1倍で9.2とその半分の○．○で答えは○○．○。

4　45×1.5＝

ヒント

45とその半分の○○．○を足して答えは○○．○。

5　33×15＝

ヒント

前の問題のやり方でもいいけど、33×３×５と早見えすれば、99×５だから、より速いかも。でも二つのやり方でやって検算するのがベストだね。

6　53×0.15＝

ヒント

53の1.5倍で53＋○○．○。これを１ケタおとすといいよ。

7 43×0.45＝

ヒント

43×4.5で43の４倍の○○○と43の半分の○○．○を足してから１ケタおとす。

なれてきたら一気に小数でやってもいいよ。

また、×4.5を×９÷２と考えて、43×９をしてから半分にして１ケタおとすのもいいやり方だよ。

8 27×0.35＝

ヒント

前の問題と全くやり方は同じ。自分で見抜いてみよう。

9 63×0.55＝

ヒント

63の半分は○○．○、0.05をかけるとはそれをさらに１ケタおとすことだから、○．○○。

この二つをドッキングする。

0.55の２倍は1.1なので、63と6.3を足してから２でわる手もあるね。

答え

- 2 690
- 3 13.8
- 4 67.5
- 5 495
- 6 7.95
- 7 19.35
- 8 9.45
- 9 34.65

では、いよいよ暗算にチャレンジ！

1 62×15＝

2 84×15＝

3 48×1.5＝

4 68×1.5＝

5 36×2.5＝

6 62×2.5＝

7 56×3.5＝

8 32×0.35＝

9 64×12.5＝

10 78×0.15＝

11 88×55＝

12 28×6.5＝

13 36×1.25＝

14 96×2.5＝

15 144×1.55＝

16 48×3.5＝

17 84×0.25＝

18 208×0.55＝

19 56×5.5＝

20 24×1.15＝

暗算のヒント

1 620とその半分の310を足す

2 840とその半分の420を足す

3 24×３と考える（48の半分と1.5の２倍をかける）

4 68とその半分の34を足す

5 36の二つ分の72と36の半分の18を足す

6 31×５（62の半分と2.5の２倍をかける）

7 28×７と考える

8 16×0.7と考える

9 32×25と直し、さらに16×50とする

10 7.8とその半分を足す

11 4400と440を足す

12 28×６と14を足すか、14×13とするか

13 18×2.5としてから36と９を足す

14 48×５と直すのが速そう

15 144と72と7.2を足す（72×3.1＝72×３＋7.2も速い）

16 24×７が速そう

17 84÷４と直すのが速い（×0.25は４でわるのと同じ）

18 104と10.4を足す

19 56×５の280と１ケタおとした28を足す

20 24と、24×0.15　⇒　12×0.3を足す

この章のドリルは別解の宝庫（嵐）です。

分数を習ったあとは

$\times 1.5 \Rightarrow \times \frac{3}{2}$　$\times 0.25 \Rightarrow \times \frac{1}{4}$　$\times 1.25 \Rightarrow \times \frac{5}{4}$

と直せるし、19 56×5.5は55×55を第21章（128ページ）のやり方（展開法則）でやってから55を足し、さらにケタを一つおとしてもかまいません。

13 36×1.25は1.25×８＝10がわかれば、36÷８×10で45と出したっていいのですし、1.25を１と0.25に分けて、36と36×0.25⇒36÷４を足したってよいのです。

11 88×55も、11×８×11×５で、121×40としてもかんたん。

いろいろと工夫するくせをつけたいですね。

答え

1 930
2 1260
3 72
4 102
5 90
6 155
7 196
8 11.2
9 800
10 11.7
11 4840
12 182
13 45
14 240
15 223.2
16 168
17 21
18 114.4
19 308
20 27.6

14 13×73を暗算する
頭に数をとっておく

2ケタ×2ケタの暗算がどれくらいすばやくできるかによって、その人の暗算の力を測ることができる、といってもいいでしょう。

では、13×73のような計算はどのようにするのでしょうか？

右の図を見てください。

これは、横13、たて73の長方形の面積、つまり、13×73を表しているものとします。

するとアの部分は730。これはすぐにわかります。

次にイの部分は210。ウの部分は９となります。

これらをすべて足すと、答えが949と出るわけです。

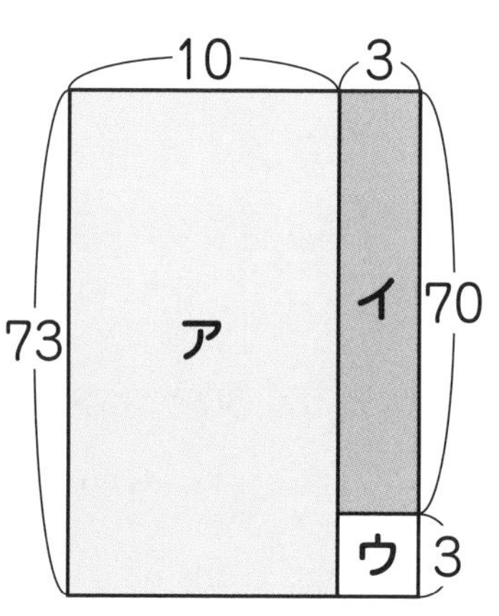

そのとき、私は頭の中で次のように考えています。

❶ 73が10個でまず730。

❷ 730を頭の中にとっておきながら次の計算に進む。

❸ 残りは73が３個。

❹ 73×３がいっぺんに219と出る人はそれでよし。出なければ、３×70で210、をさらに頭の中にとっておいて、３×３の９とくっつけて（合計し）219と出す。

❺ 最後に730＋219を頭の中で計算して949。

説明のために長く書きましたが、頭の中ではとても速く計算します。

では、47×83だったらどうでしょうか？

これは少しむずかしくなります。83が50個で4150。これから83が３個の249を引いて（250を引いて１を足せばよい）3901です。

計算しやすい組み合わせをさがすのがコツで、上の例だと、47×80＋47×３ならそれほど大変ではありませんが、83×40と83×７に分解するとやや大変になるかもしれません。

そうしたむずかしめの暗算をするときには、頭の中に数をとっておけるかどうかが、カギになるわけです。

練習問題

1　74×11＝

ヒント

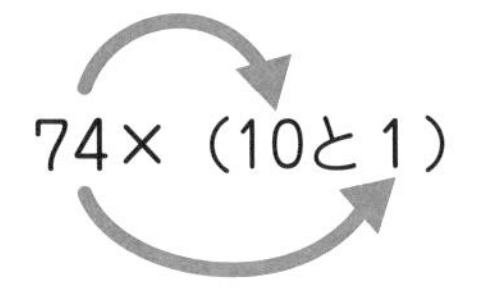

と分けてかけて、740を頭の中にとっておき、74×１の74を足す。

2　86×11＝

ヒント

面積図で書くと下のようになるよ。

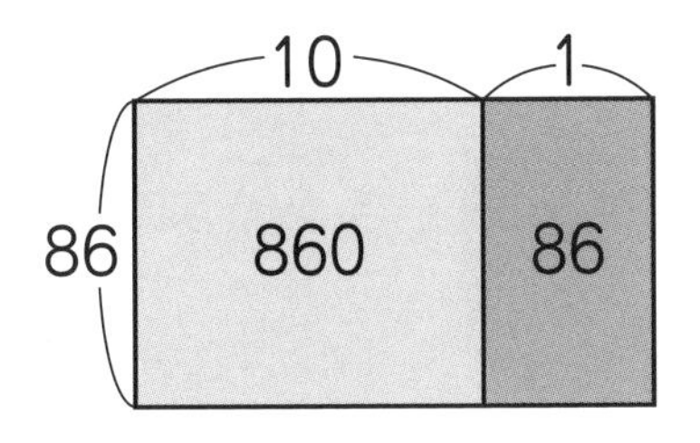

1 814

2 946

3 69×51＝

ヒント

69が50個で○○○○。これと69が１個で69を合わせる。
※51が70個から51が１個を引いてもいいよ。両方でやってみよう。

4 48×22＝

ヒント

48が２個で96、１ケタ上げて960。この二つをドッキングして、答えは○○○○。
※22＝11×２と考えて、528を２倍してもいいよ。

5 73×16＝

ヒント

面積図だと右の通り。

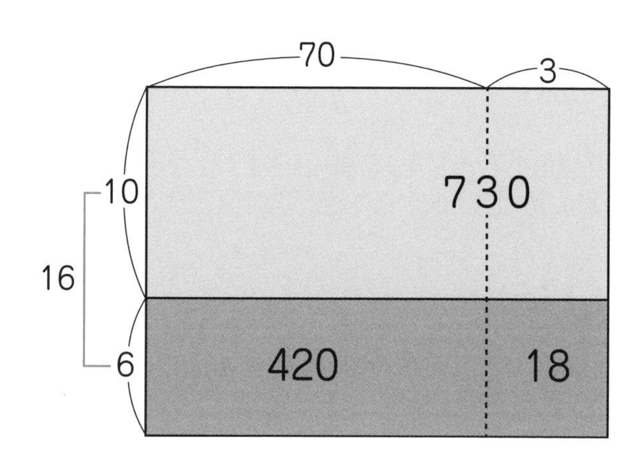

730と73×６を足すことになる。73×６をやっているうちに、はじめのうちは730が頭から飛んでいってしまいそう。でも記憶できるようになるまで、このやり方になれよう。ガンバレ！

6 18×29＝

ヒント

18が30個で○○○。これから18の１個分を引く。

7 57×38＝

ヒント

57が40個の○○○○から、57の２個分を引きます。その際、50の２個分の100と14に分けて引くのが楽かもしれないね。

※計算になれてくると、11×11＝121、12×12＝144、……19×19＝361のように同じ数を２回かける計算はよく出てくるので、自然と覚えることになるよ。

すると、57＝19×３、38＝19×２　だから、

19×19×３×２＝361×６。ここでさらによく出てくる36×６＝216のような技を知っていれば、答えはあっという間に出るよ。

暗算になれている人はいろいろな技を組み合わせて工夫しているんだ。

答え

3 3519

4 1056

5 1168

6 522

7 2166

では、いよいよ暗算にチャレンジ！

1 $55 \times 11 =$

2 $26 \times 12 =$

3 $17 \times 62 =$

4 $19 \times 81 =$

5 $37 \times 41 =$

6 $36 \times 22 =$

7 $81 \times 13 =$

8 $62 \times 24 =$

9 $51 \times 21 =$

10 $33 \times 33 =$

11 $72 \times 13 =$

12 $18 \times 32 =$

13 $45 \times 23 =$

14 $34 \times 52 =$

15 $71 \times 39 =$

16 $36 \times 62 =$

17 $72 \times 55 =$

18 $17 \times 42 =$

19 $64 \times 91 =$

20 $32 \times 32 =$

◇◇

暗算のヒント

1 550＋55

2 260＋52（26×２）

3 620＋７×62　⇒　620を頭にとっておき、あと420と14

4 81が20個で1620、これから81を引く

5 37×４＝148に０をつけ、37を足す

6 720と72を足す

7 810と240と３を足す（面積図で考えて）

8 1240を頭にとっておき、240と８を足す

9 51が20個で1020、それと51を足す

10 33が30個で990、これと99を足す（100足して１引く）

11 720を頭にとっておき72×３を210と６に分けて足す

12 32が20個の640から64を引く（40引いて24引く）

13 45×22で990、これと45を足すのが速そう

14 これは下でくわしく解説します

15 71が40個で2840から71（70と１）を引く

16 2160と36が２個の72を足そう

17 36×110と考えるのが速い

18 420を頭にとっておき、あとは７×42（280と14）を足す

19 64が90個で5760、あと64

20 960と64（32×２）を合わせる

答え

1 605
2 312
3 1054
4 1539
5 1517
6 792
7 1053
8 1488
9 1071
10 1089
11 936
12 576
13 1035
14 1768
15 2769
16 2232
17 3960
18 714
19 5824
20 1024

２ケタ×２ケタで万能なやり方は面積図のように考えることです。

例　14 34×52で

右の面積図を見ると、

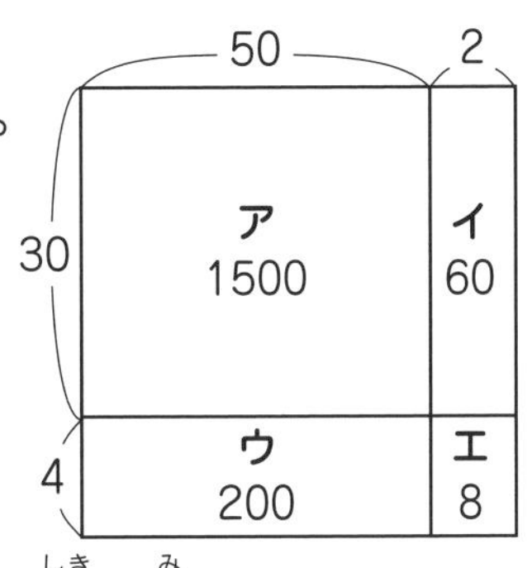

の４つの部分を足せばいいのです。式で見ると、

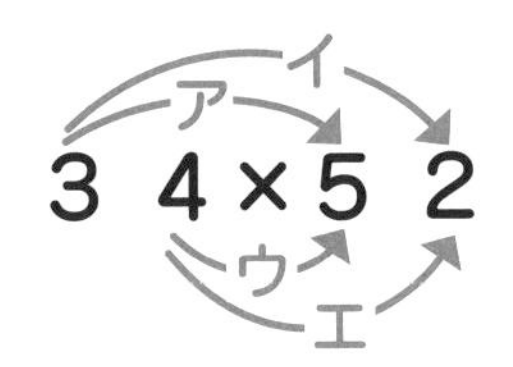

アが1500、イが60、ウが200、エが８です。面倒ですがわからなくなったらこのやり方に戻りましょう。

15 75×32を暗算する

分解してかける

足し算のとき、たとえば746＋38を746＋30＋８というように、38を30と８に分けて２段階に足します。

これと同様に、**かけ算でも２段階に分解するとよい例が少なくありません。**

たとえば、75×32なら、

75＝３×５×５　32＝２×２×２×２×２

ですから、これらをすべてかけて、

３×５×５×２×２×２×２×２

＝３×２×２×２×(２×５)×(２×５)

＝24×10×10＝2400

としてもよいわけです。

しかし、この場合、75や32をとことん分解してしまうのでは、かえって時間がかかるでしょう。ではどうするのかというと……

（例１）75×32＝75×２×16と考えて、150×16と直し、さらに、150×２×８と直して、300×８を計算し2400と出す。

（例２）はじめから75×４が300であることを知っていれば、75×４×８＝300×８＝2400とすぐ出る。

（例３）25×４＝100が基本だと知っていれば、

75＝３×25　32＝４×８として、

３×25×４×８＝３×８×25×４＝24×100

三八24に0を2つ付け加えて、2400とする。

暗算になれた人は、以上のどれかですぐに答えを出すはずです。

ちなみに、この方式は、整数×整数で、どちらか一方の下1ケタが5、他方が偶数の場合によく用いられます。5×2＝10となること（きりのよい数が出てくること）を利用しているわけです。

たとえば、26×35は、26を半分、35を2倍にしてかけた、13×70と同じです。

26×35＝13×2×35
　　　＝13×70
　　　＝910

とすぐに出てきます。

25×4＝100、75×4＝300、さらには125×8＝1000は覚えてしまいましょう。

これらを覚えると、暗算がぐっと楽になります。

練習問題

1　24×45＝

ヒント

45×2＝90に目をつけて

24×45　⇒　12×2×45　⇒　12×90

とするのが速そう。

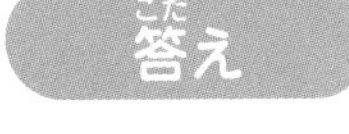

1　1080

2 3.5×16＝

ヒント

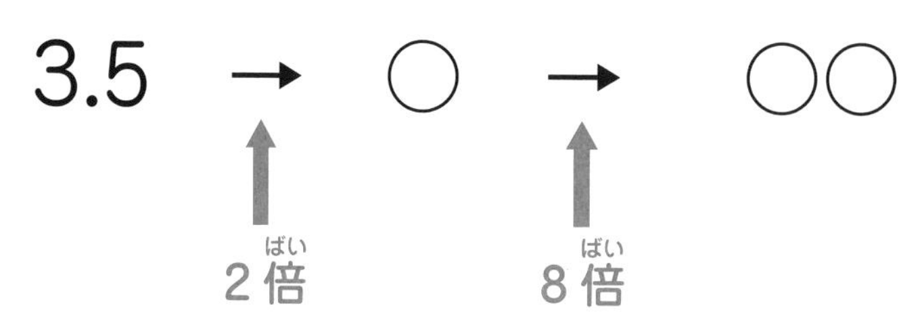

（16倍は２倍して８倍と同じ）

3 24×25＝

ヒント

４×25＝100を利用しよう！

２×25＝50や８×25＝200でやっても理屈は同じ。

4 16×75＝

ヒント

75×４＝300を利用しよう！

４×４×25×３とやってもいいね。

なれてくると75×８もすぐに600と出るようになるし、そうしたらあとは２倍だね。

5 125×24＝

ヒント

125×８＝1000を利用しよう！

もちろんはじめのうちは、125×２で250、そのあと×２で500……

というように考えてもいいよ。

6 22×35＝

ヒント

35の２倍は70だから……。

7 75×44＝

ヒント

75×４＝300を利用しよう（75は25が３個分だから、原理的には25×４×３で覚えるのは25×４＝100なのだけれど、特に将来理系に進む人は、みんなこれくらいは問題をたくさんやっているうちに自然と覚えていっているよ）。

※125，375，625，875の４つが要注意です。

375＝３×125　　625＝５×５×５×５＝25×25＝125×５

875＝1000－125＝125×７

あとで出てくる分数計算（第18章、110ページ）のときも同じ数のならびがけっこう大切で、

$$\frac{1}{8}=0.125 \quad \frac{3}{8}=0.375 \quad \frac{5}{8}=0.625 \quad \frac{7}{8}=0.875$$

の４つは特に大切。

答え

2 56

3 600

4 1200

5 3000

6 770

7 3300

では、いよいよ暗算にチャレンジ！

1 25×52＝

2 25×44＝

3 625×64＝

4 55×24＝

5 46×4.5＝

6 2.5×72＝

7 88×125＝

8 875×32＝

9 3.5×84＝

10 18×7.5＝

11 375×64＝

12 1.25×128＝

13 54×6.5＝

14 0.75×64＝

15 5.5×16＝

16 8.75×48＝

17 2.5×36＝

18 1.75×28＝

19 2.25×76＝

20 3.75×76＝

暗算のヒント

1 25×４×13で、100×13となる

2 50×22となる

3 125×５×８×８となり、125×８は1000

4 110×12と変形するか、1200と120を足すか

5 23×９とするのがベストかな

6 ５×36、さらに直せば10×18

7 11×８×125で125×８は1000だよ

8 875×8は7000 ⇒ 7000×4となる
9 7×42としよう
10 9×15がわかりやすいかな
11 375は125×3、64は8×8
12 128と128÷4を足(た)す
13 27×13
14 75×4×16 ⇒ 300×16として最後(さいご)に2ケタおとす
15 80と8を足(た)す あるいは11×8
16 8.75の8倍(ばい)は70、48÷8は6。よって70×6で出(で)るよ
17 5×18
18 28と28の $\frac{3}{4}$
19 2.25の4倍(ばい)は9、76÷4は19。この二(ふた)つをかけよう
20 3.75の4倍(ばい)は15、76÷4は19

14 0.75×64は分数(ぶんすう)になれたら、$\frac{3}{4}$×64とする方(ほう)がよく、逆(ぎゃく)に上(うえ)のようなやり方(かた)は珍(めずら)しくなります。

11 375をかけるのも、0.375つまり$\frac{3}{8}$をかけてから1000倍(ばい)する方(ほう)がよいでしょう。

12 1.25をかけるのも0.125つまり$\frac{1}{8}$をかけてから1ケタ上(あ)げた方(ほう)が速(はや)そう。

というように、あとの章(しょう)でやりますが、分数(ぶんすう)はすごい威力(いりょく)を発揮(はっき)します。

答(こた)え

1 1300
2 1100
3 40000
4 1320
5 207
6 180
7 11000
8 28000
9 294
10 135
11 24000
12 160
13 351
14 48
15 88
16 420
17 90
18 49
19 171
20 285

16 3.5÷140を暗算する

わり算は分数

わり算の計算は、分数を使うとうまくいくことがあります。そもそも分数は、いわば「わり算から生まれた数」といえるものなのです。

たとえば3.5÷140を、筆算でやろうとするとけっこう大変です。

でも、分数に直してしまえば、とても楽な問題です。分数に直す方法は、三つあります。

❶ まず、$\frac{3.5}{140}$と分数に直します。次に、分母と分子に2をかけて（約分の反対の倍分をして）$\frac{7}{280}$とします。さらに、約分して$\frac{1}{40}$とするのです。

これを答えとしても間違いではないのですが、さらに小数に直すことを考えましょう。

❷ $\frac{1}{40}$ の分母分子を2.5倍して、$\frac{2.5}{100}$とすれば、答えは0.025とすぐにわかりますね。

分母を100にしたところがポイントです。やはり、きりのよい数はここでも有効なのです。

❸ 暗算になれてくると、3.5÷140の「わる数」「わられる数」を２倍して、７÷280→１÷40と直したり、逆に3.5の40倍が140であることをすばやく見抜いて$\frac{1}{40}$を出したりすることもできます。さらに、$\frac{1}{40}$をすばやく、$\frac{1}{4}\times\frac{1}{10}$と直し、0.25を１ケタおとして0.025とするような技も可能になる

のです。

練習問題

1 9÷12＝

ヒント

分数にして $\frac{9}{12}$ ⇒ 約分して $\frac{3}{4}$ これを小数に直す。

4と3をそれぞれ25倍すれば、$\frac{75}{100}$ で 0.75と出るけれど、なれてくればよく出てくる $\frac{3}{4}$ ＝0.75くらいはそのまま覚えるのが基本！

2 8÷40＝

ヒント

九九で8×5＝40（ハチゴ40）は基本だよ。

したがって分数にすれば $\frac{1}{5}$ 。

これを小数に直して0.2。

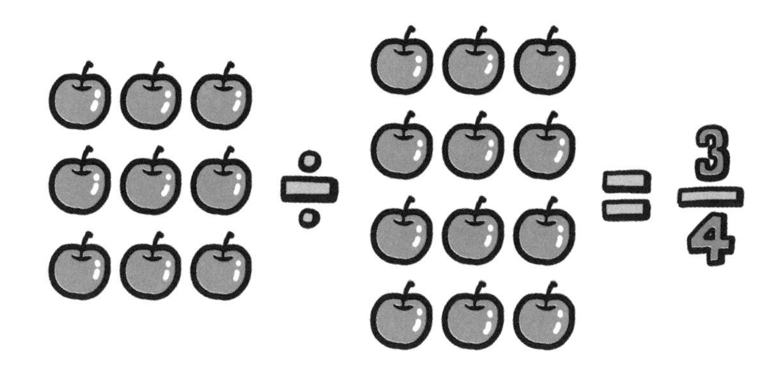

3　1.4÷5.6＝

ヒント

$\frac{14}{56}$と分数に直してから約分してもいいけど、九九で両方とも７でわれることはすぐわかる。そこで７で約分し、次に２で約分すれば、$\frac{1}{4}$＝0.25。

※14の４倍が56だと見抜けるレベルになればもっといいね。

4　7.2÷16＝

ヒント

次々に２で「約分」（この場合はわられる数とわる数を同じ数でわること）をくりかえし、

7.2÷16　⇒　3.6÷８　⇒　1.8÷４　⇒　0.9÷２

とすればかんたん。九九を利用していっぺんに８で約分し、0.9÷２とできればすごい。

5　８÷2.5＝

ヒント

両方２倍して、16÷５とするのが速いかな。いろいろなやり方がある。でも次が一番速い。

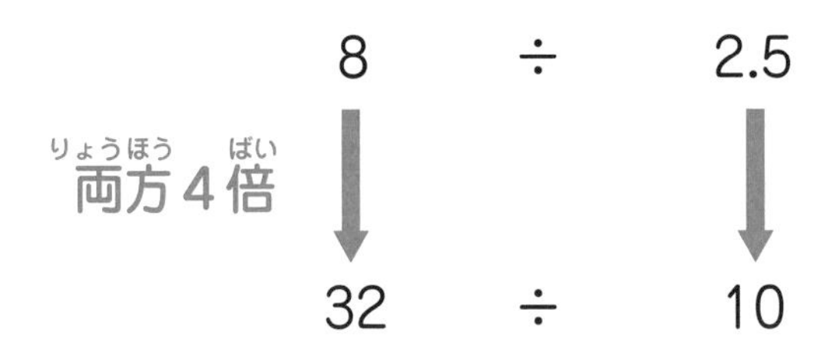

6 $1.8 \div 72 =$

ヒント

少しなれてきたら、18の４倍が72であることを見抜いて、

$$\frac{1}{40} = \frac{1}{4} \times \frac{1}{10} = 0.25 \times \frac{1}{10} = 0.0○○$$

のようにしたいね。

7 $13 \div 10.4 =$

ヒント

これは13＝10.4＋2.6としてから別々に10.4でわり、１と $\frac{26}{104}$ とする。

あとは地道に約分してもよいし、26の○倍が104になることを見抜ければ答えはすぐに○．○○と出るよ。

130÷104の筆算でわり算をするときは、
まず１を立ててから（右の図参照）、
104を引くよね。
130を104と26に分けるのは、
これをすることと同じなんだ。

```
        1
    ------
104 ) 130
      104
    ------
       26
```

答え

3 0.25
4 0.45
5 3.2
6 0.025
7 1.25

では、いよいよ暗算(あんざん)にチャレンジ！

1. $6 \div 24 =$
2. $55 \div 220 =$
3. $1.6 \div 64 =$
4. $18 \div 90 =$
5. $45 \div 72 =$
6. $1.4 \div 28 =$
7. $0.32 \div 12.8 =$
8. $51 \div 40.8 =$
9. $1.6 \div 80 =$
10. $3.7 \div 18.5 =$
11. $1.5 \div 1.25 =$
12. $2.3 \div 92 =$
13. $9.9 \div 6.6 =$
14. $3 \div 3.75 =$
15. $15 \div 6.25 =$
16. $18 \div 7.2 =$
17. $42 \div 350 =$
18. $18 \div 2.5 =$
19. $49 \div 87.5 =$
20. $37 \div 1850 =$

◇◇

暗算(あんざん)のヒント

1. 6の4倍(ばい)が24だから $\frac{1}{4}$
2. 11で両方約分(りょうほうやくぶん)すると、5÷20でこれも $\frac{1}{4}$
3. 1.6の40倍(ばい)が64
4. 18の5倍(ばい)が90
5. 9で約分(やくぶん)すると5÷8だから $\frac{5}{8}$ だね
6. 1.4の20倍(ばい)が28
7. 32の4倍(ばい)が128、あとは小数点(しょうすうてん)を合(あ)わせよう

8 51は40.8＋10.2で、10.2の４倍が40.8だよ

9 1.6の50倍が80

10 3.7の５倍が18.5

11 $\frac{3}{2} \div \frac{5}{4}$とするか、0.25の６倍÷５倍か

12 23の４倍が92

13 3.3で約分すると、３÷２になるね

14 0.375は $\frac{3}{8}$ なので３÷ $\frac{3}{8}$ をしてみてね

15 15÷0.625、つまり15÷ $\frac{5}{8}$ を考えよう

16 18の４倍は72だよ

17 ７で約分すると、６÷50 ⇒ 12÷100とすれば……

18 36÷５と同じ

19 0.875つまり $\frac{7}{8}$ でわってから、位を合わせるよ

20 37の50倍が1850

答え

1 0.25
2 0.25
3 0.025
4 0.2
5 0.625
6 0.05
7 0.025
8 1.25
9 0.02
10 0.2
11 1.2
12 0.025
13 1.5
14 0.8
15 2.4
16 2.5
17 0.12
18 7.2
19 0.56
20 0.02

14 ３÷3.75の場合、答えは１よりやや小さいはずですね。

そこで３÷ $\frac{3}{8}$ で８と出たら、位は１よりやや小さい0.8とします。80や0.08ではないことにあらかじめ見当をつけておくわけです。

スペースがあるから第18章（110ページ）で書くべきことを少し。

２をどんどん２倍していくと

２⇒４⇒８⇒16⇒32⇒64⇒128⇒256⇒512⇒1024

で２を10回かけると1024

３をどんどん３倍すると

３⇒９⇒27⇒81⇒243⇒729⇒2187

５にどんどん５をかけると、５⇒25⇒125⇒625⇒3125

17 37÷0.2を暗算する

小数と分数①

÷0.5，÷0.2，÷0.25といった計算をする場合には、まともにわり算をしないほうがよく、それぞれ、

÷0.5→×２　÷0.2→×５　÷0.25→×４

として暗算したほうがはるかに速いでしょう。

これはそれぞれ小数を分数に直して、

$\div 0.5 \rightarrow \div \frac{1}{2}$　$\div 0.2 \rightarrow \div \frac{1}{5}$　$\div 0.25 \rightarrow \div \frac{1}{4}$

と変形してみれば、「分数でわるときはその逆数をかける」という計算法を当てはめてすぐにわかることです。

また、たとえば５÷0.25のような場合には、

0.25 —４倍→ 1 —５倍→ 5　……**合わせて20倍**

のような感覚でもすぐにわかることです。

37÷0.2の場合は、37を５倍して、185と出せばよいのです。

3.7÷0.5ならば、3.7を２倍して7.4ですし、

5.26÷0.25であれば、5.26×４で21.04といった具合です（ちなみに5.26×４は五四20に0.25の４倍つまり１を足し、最後に0.01の４倍の0.04を足します）。

このようにわる数を分数に直してから計算する方法は、「0.2」「0.5」「0.25」といった数でわる場合に特におすすめですが、それ以外の数の場合は分数を使う方法が一番よいとはいえません。たとえば、次のような例があります。

❶　2.1÷0.35は（0.35のほうに注目して）0.35を２倍して0.7、さらに３倍して2.1だから、２×３で６としたほうが速い。

$$2.1 \div 0.35 \quad 0.35 \times \underbrace{2 \times 3} = 2.1$$

↑ここが答えになる！

❷　64.05÷0.21は0.21の300倍で63、残りの1.05を普通に0.21でわって５、合わせて305としたほうがよい。
（64に近い21の倍数に63があり、64.05＝63＋1.05とぱっと見抜けるかどうかが勝負ですね）

$$\begin{aligned} 64.05 \div 0.21 &= 63 \div 0.21 + 1.05 \div 0.21 \\ &= 300 + 5 = 305 \end{aligned}$$

❸　0.39÷0.65のような場合には、

39÷65→（13で「約分」して）３÷５→0.6

とするのが速そうです。
何が何でも分数に直さないほうが、よいときもあるのです。

※約分のためには、39や65が13の倍数でそれぞれ13×３，13×５であることを知っているとよいですよね。こうした倍数関係で見抜きにくいのは、
13の倍数　13×３＝39，13×４＝52，13×５＝65，13×６＝78，13×７＝91……
17の倍数　17×３＝51，17×４＝68，17×５＝85，17×６＝102，17×７＝119……

18の倍数　18×３＝54，18×４＝72，18×５＝90，18×６＝108，
18×８＝144……

19の倍数　19×３＝57，19×４＝76，19×６＝114，19×７＝133，
19×８＝152……

などで、これらはそれぞれ、２ケタ×１ケタの計算をくりかえしたうえで、ほとんど覚えるくらいになれてしまうのが理想です。

練習問題

1　3.7÷0.5＝

ヒント

÷0.5の部分を、$\div\frac{1}{2}$　さらに×２といいかえていく。いいかえていくのがカギだね。

2　3.6÷0.2＝

ヒント

÷0.2は0.2を分数に直すと$\frac{1}{5}$なので、×５といいかえよう。

3　4.2÷0.25＝

ヒント

÷0.25　⇒　$\div\frac{1}{4}$　⇒　×４　といいかえていく。

※ここまで３題で使ったいいかえは一度わかったら、なれるために何度か練習して、ほとんど覚えてしまうといいね。

4　69.02÷1.7＝

ヒント

17× 4 ＝68を見抜いて、69.02を68と1.02に分解。
102も17でわり切れるから……。

5　58.5÷0.45＝

ヒント

これも前の問題と同じタイプ。58.5を45と13.5に分解すると……。

（45 / 13.5）÷0.45となり、上の方は100。下の方は○○。

6　137.7÷2.7＝

ヒント

27を何倍かして137.7に近づけることを考える。
試してみると、５倍で135になるので、137.7を二つに分解すると、

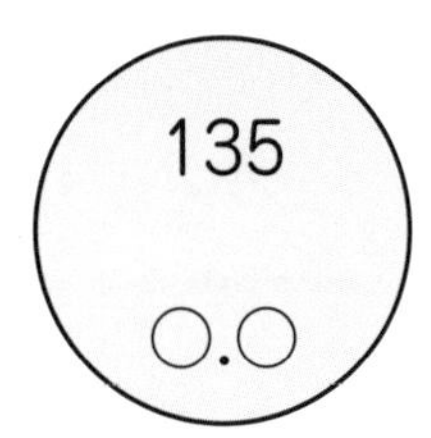

÷2.7となる。あとは自力でやってみよう……。

答え

1 7.4
2 18
3 16.8
4 40.6
5 130
6 51

では、いよいよ暗算(あんざん)にチャレンジ！

1 $68 \div 0.5 =$

2 $31 \div 0.5 =$

3 $48 \div 0.05 =$

4 $128 \div 0.2 =$

5 $0.56 \div 0.2 =$

6 $2.5 \div 0.4 =$

7 $1.26 \div 0.4 =$

8 $2.8 \div 0.05 =$

9 $72 \div 0.25 =$

10 $17 \div 0.2 =$

11 $27 \div 0.02 =$

12 $89 \div 0.02 =$

13 $33 \div 0.25 =$

14 $195 \div 0.25 =$

15 $45 \div 0.125 =$

16 $3.6 \div 0.125 =$

17 $1.6 \div 1.25 =$

18 $60 \div 12.5 =$

19 $38 \div 0.25 =$

20 $34 \div 0.02 =$

◇◇

暗算(あんざん)のヒント

1 ÷0.5⇒×２（５でわって１ケタ上(あ)げてもよいがやや遅(おそ)い）

2 ÷0.5（$\div \frac{1}{2}$）を×２に直(なお)す

3 ÷0.05を×20に直(なお)す

4 ÷0.2を×５と同(おな)じ意味(いみ)のかけ算(ざん)にする

5 ÷0.2を×５といいかえる

6 ÷0.4を$\times \frac{5}{2}$といいかえるか、25÷４とするか

7 これは12.6を４でわった方(ほう)が速(はや)そう

8 ÷0.05を×20といいかえる

9 ÷0.25⇒×４といいかえる

10 0.2は $\frac{1}{5}$ だから……

11 0.02は $\frac{1}{50}$ だから……

12 半分(はんぶん)の44.5を２ケタ上(あ)げてもかまわないけれど……

13 これは４倍一発(ばいいっぱつ)だろうね

14 ４倍(ばい)するけれど195は（200－５）と考(かんが)えた方(ほう)がより楽(らく)

15 0.125は $\frac{1}{8}$ だから、逆数(ぎゃくすう)の８をかける

16 これも８をかけるのがよさそう

17 0.16÷0.125と考(かんが)え、0.16×８をするか、それとも……

18 12.5×４が50とさっと早見(はやみ)えすれば、あとは……

19 これは÷0.25を×４に直(なお)すのがよいだろうね

20 これも50倍(ばい)がさっと見(み)えてほしい

17 1.6÷1.25ですが、1.25が８倍(ばい)で10となることが見(み)えれば、両方(りょうほう)８倍(ばい)して12.8÷10ですぐに出(で)ます。

同様(どうよう)に 18 60÷12.5も、８倍(ばい)ずつすれば480÷100となります。

ここにもスペースがあるので第(だい)18章(しょう)（110ページ）で書(か)くべきことを少(すこ)し。

▶覚(おぼ)えておくとトクな豆知識(まめちしき)

９でわり切(き)れる数(かず)⇒各(かく)ケタの数(かず)を足(た)しても９でわり切(き)れる

３でわり切(き)れる数(かず)⇒各(かく)ケタの数(かず)を足(た)しても３でわり切(き)れる

例(れい)　423は４＋２＋３が９だから９でわり切(き)れる

　　1725は１＋７＋２＋５が15だから３でわり切(き)れる

答(こた)え

1 136
2 62
3 960
4 640
5 2.8
6 6.25
7 3.15
8 56
9 288
10 85
11 1350
12 4450
13 132
14 780
15 360
16 28.8
17 1.28
18 4.8
19 152
20 1700

18 21÷3.75を暗算する

小数と分数②

0.2，0.5，0.25以外に特別な小数はないでしょうか。実は、

0.75，0.125，0.375，0.625，0.875，0.4，0.6

などがそれにあたります。

みな、4，8，5を分母とする分数です。

$0.75=\frac{3}{4}$　$0.125=\frac{1}{8}$　$0.375=\frac{3}{8}$　$0.625=\frac{5}{8}$

$0.875=\frac{7}{8}$　$0.4=\frac{2}{5}$　$0.6=\frac{3}{5}$

ですから、それらの数でわるときには、小数を分数に直してから逆数をかけるとよいのです。

しかし0.375，0.625，0.875など8が分母の分数は覚えにくいものです。

でもだいじょうぶ。0.125が$\frac{1}{8}$であることさえ覚えてしまえば、

$0.375=0.25+0.125=\frac{1}{4}+\frac{1}{8}=\frac{3}{8}$

$0.625=0.5+0.125=\frac{1}{2}+\frac{1}{8}=\frac{5}{8}$

$0.875=1-0.125=1-\frac{1}{8}=\frac{7}{8}$

として、0.625などの分数もわかります。

また、$\frac{1}{8}$は$\frac{1}{2}$を３回かけたものなので、１の半分の0.5、その半分で0.25、さらに半分で0.125などとしても求められます。

さて、21÷3.75は２通りのやり方があります。

❶ $21 \div 3\frac{3}{4} = 21 \div \frac{15}{4}$

$= 21 \times \frac{4}{15} = \frac{28}{5} = 5.6$

❷ $21 \div 0.375 = 21 \div \frac{3}{8}$

$= 21 \times \frac{8}{3} = 56$

これを１ケタおとして5.6とする。

好きなほうのやり方でできればよいでしょう。

練習問題

1 $15 \div 0.625 =$

ヒント

$0.625 = \frac{5}{8}$ を使おう。つまり $\frac{8}{5}$ をかければいいんだよ。

ところで625ってどんな数なんだろうね。

これを知っておくのが大切だよ。

$5 \times 5 = 25$

$5 \times 5 \times 5 = 125$

$5 \times 5 \times 5 \times 5 = 625$

このあたりまでは、５倍５倍をどんどん計算する訓練をしてなれてしまおう。

1 24

2 $21 \div 8.75 =$

ヒント

$\div 8.75 \Rightarrow \div 8\frac{3}{4} \Rightarrow \frac{35}{4}$ といいかえると……

21と35は両方とも7でわり切れるよね。

別解 8.75ではなく $0.875 = \frac{7}{8}$ でわれば $\frac{8}{7}$ をかければいいことになってよりかんたん。あとはケタを一つおとせばいいだけ。

875という数は、1000－125と考えるとわかりやすいね。

つまり1000（125が8個）から125を一つ引くから125の7個分なんだ。

ほかにも別解はあり、わり算をかけ算に直すのではなく、わられる数とわる数を両方とも4倍して、84÷35としてから7で両方をわり、12÷5とする手もあるよ。

いろいろなやり方を試してみてね。

3 $21 \div 0.75 =$

ヒント　（3～5 3題まとめてのヒントだよ）

$\div 0.75 \Rightarrow \div \frac{3}{4} \Rightarrow \times \frac{4}{3}$

$\div 0.125 \Rightarrow \div \frac{1}{8} \Rightarrow \times 8$

$\div 0.375 \Rightarrow \div \frac{3}{8} \Rightarrow \times \frac{8}{3}$ をしてから2ケタおとそう。

※なれてくればそのままわってもたいしたことはないかな。ぱっと整数の答えが出るよ。

4 18÷0.125＝

ヒント

ヒントはさっき書いたけれど、0.125の８倍が１、さらに18倍という感覚でもいいね。

5 300÷37.5＝

ヒント

ヒントはさっき書いたけれど、すぐにわからなければ、37.5を２倍して75、さらに４倍して300と考える手もあるよ。

6 25÷6.25＝

ヒント

これも両方とも４倍して、100÷25としてもいいし、

$\div 6.25 \Rightarrow \div \frac{25}{4} \Rightarrow \times \frac{4}{○○}$ としてもいいね。

※これもなれてくれば、そのままわることもできるよ。

答え

2 2.4
3 28
4 144
5 8
6 4

では、いよいよ暗算(あんざん)にチャレンジ！

1. $36 \div 0.75 =$
2. $65 \div 1.25 =$
3. $6 \div 0.375 =$
4. $20 \div 0.625 =$
5. $63 \div 0.875 =$
6. $63 \div 1.75 =$
7. $123 \div 2.5 =$
8. $35 \div 62.5 =$
9. $3.9 \div 3.75 =$
10. $6.3 \div 7.5 =$
11. $99 \div 2.75 =$
12. $36 \div 2.25 =$
13. $68 \div 4.25 =$
14. $77 \div 1.375 =$
15. $0.26 \div 0.65 =$
16. $10.8 \div 0.45 =$
17. $62 \div 0.4 =$
18. $121 \div 0.55 =$
19. $72 \div 0.45 =$
20. $42.9 \div 0.65 =$

暗算(あんざん)のヒント

1 $\div 0.75 \Rightarrow \div \frac{3}{4} \Rightarrow \times \frac{4}{3}$

2 $\div 1.25 \Rightarrow \div \frac{5}{4} \Rightarrow \times \frac{4}{5}$

3 $\div 0.375 \Rightarrow \div \frac{3}{8} \Rightarrow \times \frac{8}{3}$

4 $\div 0.625 \Rightarrow \div \frac{5}{8} \Rightarrow \times \frac{8}{5}$

5 $\div 0.875 \Rightarrow \div \frac{7}{8} \Rightarrow \times \frac{8}{7}$

6 $\div 1.75 \Rightarrow \div \frac{7}{4} \Rightarrow \times \frac{4}{7}$

7 これは2倍(ばい)して246÷5 ⇒ 492÷10の方(ほう)が速(はや)いかな

8 $\div 0.625 \Rightarrow \times \frac{8}{5}$を2ケタおとす

9 $\div 0.375 \Rightarrow \times \frac{8}{3}$を1ケタおとす

10 3で約分し2.1÷2.5としてから両方4倍し8.4÷10

11 ÷2.75 ⇒ $\div\frac{11}{4}$ ⇒ $\times\frac{4}{11}$　12 ÷2.25 ⇒ $\div\frac{9}{4}$ ⇒ $\times\frac{4}{9}$

13 ÷4.25 ⇒ $\div\frac{17}{4}$ ⇒ $\times\frac{4}{17}$

14 ÷1.375 ⇒ $\div\frac{11}{8}$ ⇒ $\times\frac{8}{11}$

15 0.13で約分すると、2÷5

16 これは10.8を9と1.8に分けるのが速い

17 ÷0.4 ⇒ $\div\frac{2}{5}$ ⇒ $\times\frac{5}{2}$

18 11で約分して11÷0.05 ⇒11×20とするのが速いかな

19 ÷0.45を「÷0.9」「×2」の2つに分解

20 42.9を39＋3.9と見ることができれば……

答え

1 48
2 52
3 16
4 32
5 72
6 36
7 49.2
8 0.56
9 1.04
10 0.84
11 36
12 16
13 16
14 56
15 0.4
16 24
17 155
18 220
19 160
20 66

最後の問題（20）の42.9を39と3.9に分けるような分解は、一度「へぇ」と感心してからたえず自分でもねらっていないとなかなかできるものではありません。

分数に直すのもあり、約分あり、いろいろな工夫がありますが、わり算はかけ算の逆。

「山登りの引き算」（38ページ）と同じことで、わる方に目をつけ、何をかけるか考えるのは、意外かもしれませんが基本です。

0.65は6倍で3.9。39は42.9に意外に近いですよね。

18 121÷0.55も、0.55を主役にして、0.55、まず2倍で1.1、さらに10倍で11、さらに11倍で121のように考えてもすぐにできます。

19 1134÷42を暗算する

約分のようにして解くわり算

たとえば272÷16をするときに（このくらいならいっぺんにできる人もいるでしょうが）16でわることを、２でわって２でわって２でわって２でわることだと考えることもできます（４回２でわる）。

すると、272→136→68→34→17と４回半分にする計算をして、答えは17と出ます。

このようなわり算は、つまり、**分数の約分をやっていること**になります。272÷16を分数に直してから（$\frac{272}{16}$）、４回２で約分したのと同じです。

では、この約分のようにして行うやり方は、どんなわり算のときに使うのでしょうか。

それは、「わる数」が１ケタ×１ケタ（すなわち九九の答え）になっている場合です。

1134÷42の場合、42＝６×７です。ですから、「42でわる」を「６でわってから７でわる」と２段階に直します（６で約分してから７で約分します）。

６でわる！　　７でわる！

1134÷42 ⟶ 189÷７ ⟶ 27

のようにして、答えは27になります。

また、次のように少しややこしい例になってくると、大きな公約数でわることができないか、と考えます。

39÷84÷52×28＝

すると、39と52は13でわることができ、84と28は28でわることができるので、3÷3÷4×1となって $\frac{1}{4}$ 、答えは0.25です。

練習問題

1 1085÷35＝

ヒント

÷35 ⇒ ÷7÷5 といいかえて順番にわっていくか（これが普通のやり方）、35×3＝105をぱっと見抜くか（こっちはすばやいやり方）。

2 3006÷18＝

ヒント

÷18は2つのいいかえがあるよ。

1 ÷18 ⇒ ÷9÷2

2 ÷18 ⇒ ÷6÷3

両方で試してみよう。

3 5616÷48＝

ヒント

いろいろやり方はあるけれど一番速そうなのは、

÷48 ⇒ ÷8÷6

といいかえて、まず8でわるやり方かな。

答え

1 31

2 167

3 117

4 1431÷27＝

ヒント

27＝3×9。まず3でわるか9でわるか。どっちでもいいよ。

27×5＝135が見抜(みぬ)ければ、1431＝1350＋81としてもいいね。

5 1274÷49＝

ヒント

÷49 ⇒ ÷7÷7

6 3213÷63＝

ヒント

まず両者(りょうしゃ)を3でわって1071÷21とする。あとは21を3と7に分解(ぶんかい)してもいいけど、

21×5＝105に気(き)が付(つ)けば、1071＝1050＋21という発想(はっそう)が出(で)るだろう。

7 72×39÷117＝

ヒント

39の3倍(ばい)が117だと見抜(みぬ)ければすぐだよ。

117＝13×9がわかれば、72と39を9や13でわることを考(かんが)えてもいいしね。

8 35÷133×418＝

ヒント

133＝19×７。ここで、たぶん418は19でわれるはず、と見当をつける。

418＝19×22だから、頭の中で約分しまくって、答えは……。

9 8÷148×777＝

ヒント

777はぞろ目だよね。これは111の７倍。

ところで111が37×３であることがわかっていれば、37が約分のねらい目なんだ（こういうときはきっと出てくる）。

そこでよく見ると148は111＋37だよね。

そこで148は37×４、777は７×37×３として約分。

10 315÷135×72÷180＝

ヒント

円一周分の角度は360度って習うけれど、これにちなんだ45の倍数や、18や36、72の扱い方には、なれておいた方がいいよ。

この問題では、

315は360－45で、45の７個分。135は45の３個分。

72は５倍すると360で、36の２個分。180は36の５個分。

360は２でも３でも４でも５でも６でも８でも９でも10でも12でもわり切れる便利な数（２×２×２×３×３×５）に設定してあるんだよ。

答え

4 53
5 26
6 51
7 24
8 110
9 42
10 $\frac{14}{15}$

では、いよいよ暗算にチャレンジ！

1 $7800 \div 65 =$

2 $1116 \div 36 =$

3 $1870 \div 34 =$

4 $1872 \div 36 =$

5 $7248 \div 48 =$

6 $3952 \div 26 =$

7 $8192 \div 128 =$

8 $95 \times 72 \div 38 =$

9 $4004 \div 91 =$

10 $6902 \div 34 =$

11 $1221 \div 74 =$

12 $1584 \div 36 =$

13 $35 \div 49 \times 21 =$

14 $117 \div 27 \times 63 \div 42 =$

15 $85 \div 210 \div 34 \times 42 =$

16 $1296 \div 54 =$

17 $36 \div 26 \times 143 \div 22 =$

18 $3125 \div 57 \times 285 \div 625 =$

19 $117 \div 162 \times 45 \div 26 =$

20 $39 \div 76 \times 190 \div 52 =$

◇◇

暗算のヒント

1 78は13×６、65は13×５だから600÷５を計算

2 ９で約分すると124÷４となる

3 187＝170＋17が見えれば17での約分がわかるね

4 18, 72, 36の文字列はすべて18の倍数。104÷２

5 72は24×３、48は24×２。そこで302÷２を計算

6 26＝13×２。だからたぶん13で約分できるよ

7 128は２×２×２×２×２×２×２。どんどん半分にしてみる

8 38は19×２⇒19の倍数を探して約分しよう

9 91×10＋91は1001

10 6902を6800と102に分けると速い

11 74は37×２。そこで37でとりあえずわってみる……

12 36は９×４。でも６×６でもある。どれからわるかな……

13 49を７と７に分けて「７分の35」と「７分の21」をかける

14 117は13×９、63は21×３、42は21×２

15 85は17×５、34は17×２、42の５倍は210

16 まず６でわるのがやさしそう。1296＝1080＋216もよい

17 143は13×11。13と11はどこかに出てきそう

18 3125は625の５倍、285は57の５倍

19 ９×13　９×18　９×５　13×２　だよ

20 13×３　19×４　19×10　13×４　だよ

この章は奥の手豊富。

13、14、17、18、19×１ケタの数は、

13　26　39　52　65　78　91　104　117

17　34　51　68　85　102　119　136　153

19　38　57　76……

のように約分のときよく出てきますから、２ケタ×１ケタの計算練習のようにしてよく練習しておくといいでしょう。

答え

1 120
2 31
3 55
4 52
5 151
6 152
7 64
8 180
9 44
10 203
11 16.5
12 44
13 15
14 6.5
15 0.5
16 24
17 9
18 25
19 1.25
20 1.875

37×３＝111のぞろ目がわかれば1110と111を足して1221（11）。37とその２倍の74はちょっと特殊な計算が工夫できるよい例で、将来も整数論のときに大切になります。

1001＝７×13×11も覚えておいて損はありませんよ。

20 60億÷300万を暗算する

大きい数のわり算

ケタが大きなわり算は、大人でも苦手にしている人が多いものです。でもコツをつかんでしまえば、むずかしいものではありません。

60億÷300万なら、4つのやり方があります。

❶300万を10倍すると3000万、100倍すると3億、1000倍すると30億、と10，100，1000と順に10倍ずつふやしていきます。ケタがそろったところであと2倍すればいいので、答えは2000。

❷60億÷0.03億と考えて60÷0.03＝60×「$\frac{100}{3}$」として、2000と出す。

❸60億と300万を1ケタずつ減らして（約分して）6億と30万にする。さらに1ケタ減らして6000万と3万にする。あとは6000÷3と同じことだから、2000と出す。

❹1億÷1万は1万です。これに60÷300＝$\frac{1}{5}$を考えて、$\frac{1}{5}$×1万。これは2000ですね。

どのやり方でもよいのですが、こういう暗算ができるようになると、人口やお金などの大きな数が出てくるニュースを見たときに、出てくる数字の意味が理解しやすくなります。

また、次のことは覚えておいた方がよいでしょう。

1万＝100×100　　1億＝1万×1万　　1兆＝1億×1万

ちなみに西洋の「算数」では1万より1000の方が重視されることが多く、ケタも3ケタごとに区切ることが多いので、1000×1000＝100万も、覚えておいて損はありません。

これらを覚えていると、たとえば「200×400」といった問題も、すぐに「8万！」と答えることができます。「4兆÷2万」もすぐ答えが出ますね、2億です。

練習問題

1 300×500＝

ヒント

100×100は1万だよ。

2 10万÷2000＝

ヒント

10万を100千（こんないい方はないけれど）といい直せばかんたん。

2000を5倍すれば10000と考えても、「あと何倍」で答えが出る。

3 80億÷400万＝

ヒント

億÷万は1万。80÷400 は $\frac{1}{5}$。

というわけで、1万に$\frac{1}{5}$をかけて○○○○。これが一番速そう。400万を基準にして、100倍で4億、あと20倍で80億、と考えてもいいね。

答え

1 150000

2 50

3 2000

4 9億÷300万＝

ヒント

300万 ⟹ 3億 ⟹ 9億

○○○倍　○倍　合わせて○○○倍

※**別解の一つ**　300万を0.03億と考えると……。

5 75億÷1500万＝

ヒント

ケタを2つずつ上げると7500億÷15億になるよ……。

6 400万÷8000＝

ヒント

1万÷1000は10

400÷8は50、この二つをドッキング。

※やり方はたくさんあるから自分で思いついたものも試してね。

たとえば8000を10倍して8万、あと何倍で400万？と考えてもいいよ。

7 400兆÷2万＝

ヒント

1兆÷1万は1億だよ。

1万 ⟹ 1億 ⟹ 1兆

1万倍　1万倍　合わせると1億倍

のような仕組みになっているんだ。

8 2400×75000＝

ヒント

これは単純に0の数を数えて、5個付くから24×75×10万だなと考えるのが速そう。

24×75には4×75＝300が含まれていることも忘れずに。

9 840万÷6000＝

ヒント

いろいろなやり方があるよ。

840万÷0.6万

8400万÷6万

100万÷1000が1000（逆に言えば1000×1000が100万）であることを知っていれば、

8.4百万÷6千で、1.4千と出す手もあるよ。

答え

4 300

5 500

6 500

7 200億

8 1億8000万

9 1400

では、いよいよ暗算にチャレンジ！

1. 300×400＝
2. 50兆÷25億＝
3. 360億÷900万＝
4. 170万÷6800＝
5. 40億÷160万＝
6. 50兆÷250億＝
7. 180億÷3万6千＝
8. 90億÷200＝
9. 1400兆÷7000万＝
10. 104兆÷1億3千万＝
11. 350×80×25＝
12. 27億÷135万＝
13. 16億×3000÷640万＝
14. 1兆2千億÷(80万×12)＝
15. 600兆÷3000万＝
16. 28兆÷1400万＝
17. 15兆÷150÷500＝
18. 73万÷(365×40)＝
19. 360億÷1800万＝
20. 1億4千万÷280万＝

◇◇

暗算のヒント

1. 100×100= 1万
2. 1兆÷1億は1万
3. 億÷万は万。それに「360÷900」つまり0.4をかける
4. 34で約分し5万÷200。5万÷2で2ケタおとすよ
5. 「160分の40」万
6. 「250分の50」万
7. 180億÷3.6万。「180÷36」万の5万を1ケタ上げる

8 2でわって45億とする⇒4.5億⇒4500万と2ケタおとす
9 1兆÷1万は1億、よって「5分の1」億
10「104÷1.3」「兆÷億」と分解して考えよう
11 350×2000としてから10×1000と35×2に分解
12「5分の1」万となります
13「16×3÷640」「億×千÷万」と分解して考えよう
14 1.2兆÷12÷80万⇒1000億÷80万。億÷万は万
15「3000分の600」億、つまり「5分の1」億
16 28兆÷0.14億、つまり200×1万
17 1兆÷5000としてから1兆÷0.5万⇒「1÷0.5」億
18 73×5=365を見抜いて、「5分の1」万÷40⇒2000÷40
19「1800分の360」万、つまり「5分の1」万
20 280万は10倍で2800万、100倍で2億8千万。その半分

答え

1 12万
2 2万
3 4000
4 250
5 2500
6 2000
7 50万
8 4500万
9 2000万
10 80万
11 70万
12 2000
13 75万
14 12万5000
15 2000万
16 200万
17 2億
18 50
19 2000
20 50

大きな数を扱うのは面倒ですが楽しいもの。
地球の1周はおよそ4万km、光は1秒で地球を7.5周します。
太陽から地球に光が届くまでは8分19秒。
さて、地球から太陽までの距離は？

4万×7.5×499kmですが、だいたいでよければ、
4万×7.5×500で30万×500秒
つまり1億5000万km
ですね。

仮に（太陽まで歩くのは不可能だけれど）1日50kmずつ歩いたら何日で太陽まで行けるかな。そして、それは何年くらいでしょうか？

21 53×57を暗算する
「展開法則」を使う①

実は2ケタ×2ケタのかけ算で、

（1） 10の位は同じ

（2） 1の位を足すと10になる

という特徴をもった2つの数のかけ算には、昔から言い伝えられている特別な方法があります。

それは、

❶ 10の位の数とそれに1を足した数をかける

❷ 1の位の数同士をかける

❸ ❶の答えと❷の答えを左から書きならべる

と、あら不思議、答えになってしまいました……という暗算です。

53×57だと、5×6【5＋1】＝30と、3×7＝21を書きならべた3021が答えです。

どうしてこうなるのか、面積図を使って説明してみましょう。

53×57で説明します。53×57は、下の図の面積ですね。

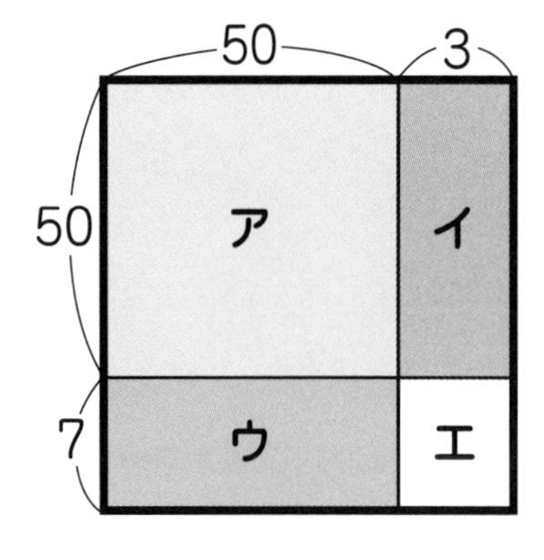

この図の、イの部分をウの下にくっつけると、

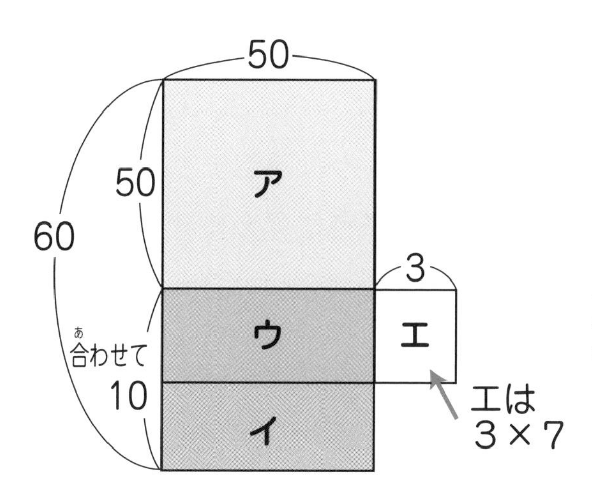

ア＋ウ＋イは５×６に00をつけた3000となります。

つまり５×６を左に書いて、３×７を右に書きならべると3000と21を足してこの面積を表すことになるのです。

同じように

$(10\times a+b)\times(10\times a+c)$

で $b+c$ が合わせて10になる場合の面積図は

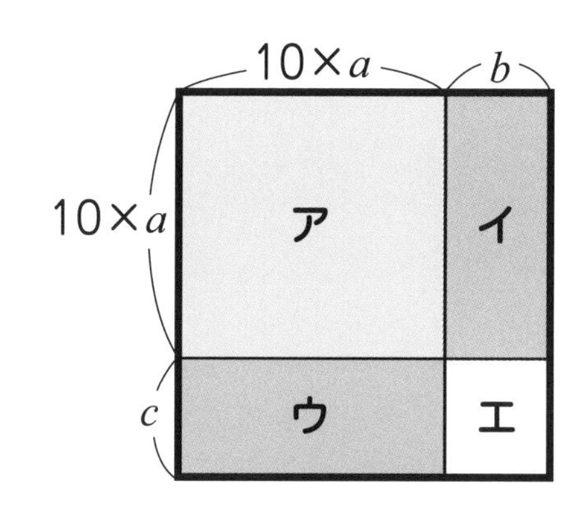

これを同じように変形すると

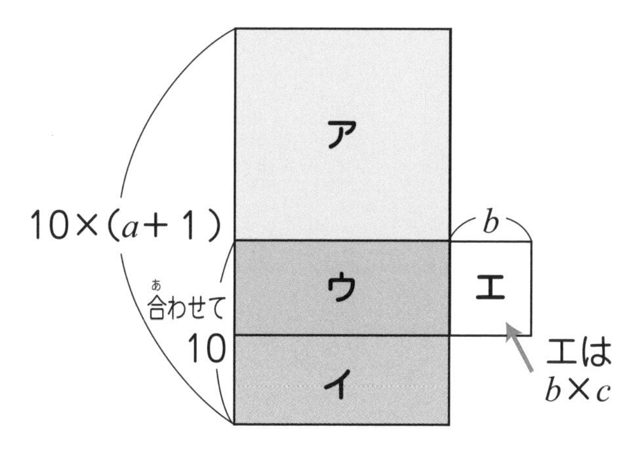

となるのでア＋ウ＋イ＝$a\times(a+1)\times100$とエ＝$b\times c$を足せばよいことになり、$a\times(a+1)$を左側、$b\times c$を右側に書きならべれば$a\times(a+1)$はさらに100倍されるので、答えになるのです。

この計算は便利なため応用も利きやすく、たとえば58×53の場合には58×52を計算してから58を足せばよいわけですから、3016に58を足して3074とすぐに出ます。ちょっと覚えておくとトクな暗算テクニックですね。

また、36×68などは一見このやり方を使えそうに見えませんが、(36×34)×２と変形すれば、(36×34)×２＝1224×２＝2448
と、このやり方で答えを出すことができます。

練習問題

この章の練習問題は、いままでの解説で理屈を理解したら、あとはそれを活用しよう。

1　35×35＝

ヒント　(10の位が同じで１の位を足すと10になることを見抜いて)
３×４　５×５　の結果を書きならべる。

2　75×75＝

ヒント　７×８　５×５　の結果を書きならべる。

3　88×82＝

ヒント　８×９　８×２　を書きならべる。

4　54×56＝

ヒント　５×６　４×６　を書きならべる。

5 74×76＝

ヒント　7×8　4×6　を書(か)きならべる。

6 94×96＝

ヒント　9×10　4×6　を書(か)きならべる。

7 42×49＝

ヒント　ここからは応用問題(おうようもんだい)。

42×(48＋1) と考(かんが)えて、42×48の部分(ぶぶん)は、

4×5と2×8を書(か)きならべ、それから42を足(た)す。

8 36×33＝

ヒント

36×34−36と考(かんが)えて、36×34の部分(ぶぶん)をいままでのやり方(かた)でやる。

※36×3×11と考(かんが)えて108×11⇒1080＋108とするやり方(かた)でもいいよ。

複数(ふくすう)のやり方(かた)での検算(けんざん)は、どんな場合(ばあい)でも大切(たいせつ)だ。

答(こた)え

1 1225
2 5625
3 7216
4 3024
5 5624
6 9024
7 2058
8 1188

では、いよいよ暗算（あんざん）にチャレンジ！

1 85×85＝

2 45×45＝

3 17×13＝

4 65×65＝

5 95×95＝

6 83×87＝

7 44×46＝

8 27×23＝

9 62×68＝

10 77×73＝

11 81×89＝

12 75×76＝

13 63×68＝

14 58×53＝

15 73×78＝

16 42×48＝

17 36×36＝

18 83×86＝

19 35×55＝

20 82×38＝

暗算（あんざん）のヒント

1 ハック72とゴゴ25をならべる

2 シゴ20とゴゴ25をならべる

3 イチニガ2とシチサン21をならべる

4 ロクシチ42とゴゴ25をならべる

5 9×10で90とゴゴ25をならべる

6 ハック72とサンシチ21をならべる

7 シゴ20とシロク24をならべる

8 ニサンガ６とシチサン21をならべる

9 ロクシチ42とニハチ16をならべる

10 シチハ56とシチサン21をならべる

11 ハック72とイチクガ９を09と考えた09をならべる

12 シチハ56とゴゴ25をならべて75を足す

13 63×67＋63と考える

14 58×52＋58と考える

15 73×77＋73と考える

16 シゴ20とニハチ16をならべる

17 36×34に72を足す

18 84×86－86と考える

19 35×35と35の20倍を足す

20 32×38と38の50倍を足す

答え

1 7225
2 2025
3 221
4 4225
5 9025
6 7221
7 2024
8 621
9 4216
10 5621
11 7209
12 5700
13 4284
14 3074
15 5694
16 2016
17 1296
18 7138
19 1925
20 3116

この方式が通用するのは「10の位が同じ」「１の位を足すと10」の二つの条件がともにそろったときだけです。ほかの場合には絶対に適用しないでください。なぜ上に書いたような場合にこの方式でできるのかは、面積図でよく確認しましょう。

でも１の位が足して11のような「少しだけはずれた場合」には 15 73×78＝73×77＋73のようにできますし、96×42のような場合は２×48×42としてこの方式を使えます。

応用としては10の位が足して10になり、１の位が同じ場合は10の位の数をかけ合わせた数の100倍と１の位の100倍と１の位同士かけ合わせた数を足せばいいのですが、これは面積図を書いて考えてみてください。たとえば66×46は2400＋６×100＋36です。

22 19×19や52×48を暗算する

「展開法則」を使う②

128ページで使った展開法則ですが、ほかにも二つのタイプを知っておくととても便利です。面積図で考えれば小学生でも十分に理解できるでしょう。

タイプ1　同じ数を2回かける

たとえば52×52のような場合。

これは面積図で考えると50×50と50×2が2個と2×2で4に分解されます。

全部足して、2500＋2×100＋4で2704と出すわけです。

	50	2
50	2500	100
2	100	4

一応、これを式でも理解しておきましょう。右の図を見てください。

$(10\times A+B)\times(10\times A+B)$

はアの部分が$100\times A\times A$

イとウが両方とも$10\times A\times B$

エの部分が$B\times B$ですから、

それらを足せば答えが出るわけです。

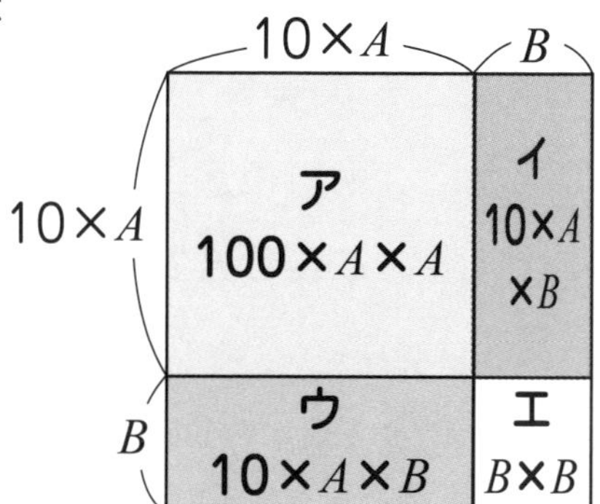

実は（$10\times A-B$）同士をかける場合も同じことで、

今度は$100\times A\times A$から$10\times A\times B$を2つ引いて、$B\times B$を足すと答えが出ます。

たとえば99×99は(100－1)×(100－1)ですから、

100×100＝10000から2×100×1を引いて、最後に二重に引いた1×

1を足すと9801とすぐに出ますね。

これになれるには、

99×99＝9801

98×98＝9604

97×97＝9409

96×96＝9216

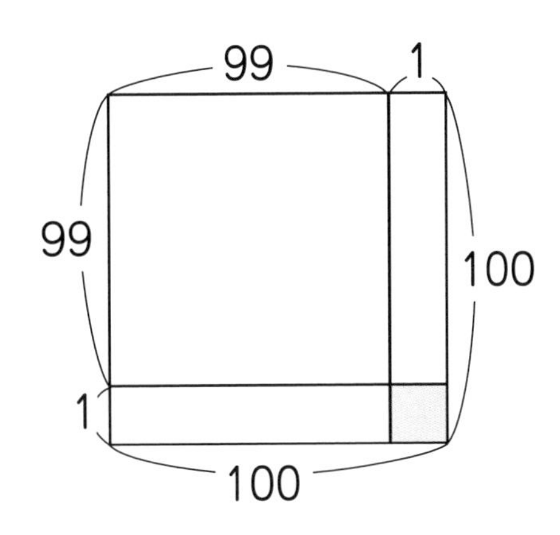

などとならべてみて、「上2ケタは98→96→94→92というように2ずつ減ってるな。下2ケタは1×1＝1、2×2＝4、3×3＝9、4×4＝16がならんでいるな。ふーん、何でだろうな」と上の解説を読みながら自分で考えて、はたと思い当たったらしめたものです。

11から19までの2乗（同じ数を2回かけること）の数は、展開法則を使ったタイプ1の計算になれてくると覚えられるようになります（順に、11×11＝121，12×12＝144，13×13＝169，14×14＝196，15×15＝225，16×16＝256，17×17＝289，18×18＝324，19×19＝361）。

タイプ2　$A+B$ と $A-B$ をかける

あと覚えてほしいのは52×48のような場合。つまり $A+B$ と $A-B$ をかける場合（この場合は A が50で B が2）です。

結論から言うとこのタイプは、$A\times A-B\times B$ で答えが出ます。

求めたいのは太枠内

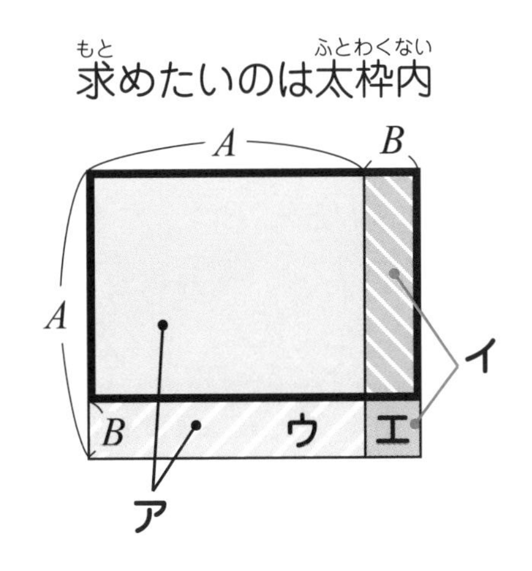

面積図で考えると、アの部分からウの部分を引いて、そこにイの部分を足し、そこから右すみのエの部分を引けばよいのですが、イとウの部分の面積は同じ

（$A\times B$）ですから、結局アーエとなります。アは$A\times A$、エは$B\times B$ですから、実は$A\times A-B\times B$を計算するだけで答えが出るわけですね。

さて、タイプ１とタイプ２を図ではなく式で書くと次のようになります（中学範囲ですので、わかりにくければここは読まないでもいいですよ）。

タイプ１　$(x+a)^2=x^2+2ax+a^2$

　　　　　$(x-a)^2=x^2-2ax+a^2$

タイプ２　$(x+a)(x-a)=x^2-a^2$

右上の２は同じ数を２回かけることを表します。（　）がくっついている場合はかけることを表します。

意味がわかった人は、いろいろな数をxやaに入れて、両側を計算して威力を味わってください。

練習問題

1 17×19＝

ヒント

タイプ２だよね。

18＋１と18－１のかけ算だから

18×18－１×１となる。

できれば18×18は、なれて覚えておきたいところだけれど、わからなければタイプ１のやり方を使って、

10×10＋２×８×10＋８×８で出そう。

面積図を使うと右のようになるよ。

二重に足した１を引くのを忘れずに！

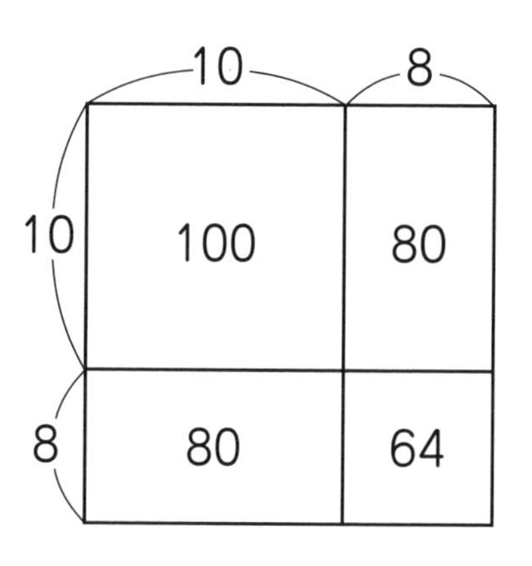

2 86×94＝

ヒント

（90－４）×（90＋４） ⇒ 90×90－４×４

なれてきたら、一発で見えるようになろう。

3 68×72＝

ヒント

70×70－２×２＝

4 43×57＝

ヒント

50－７と50＋７のかけ算だから……。

5 68×92＝

ヒント

これはちょっと見えにくいけれど、

68＝80－12　92＝80＋12だよ。

「80ってなあに」と思うかもしれないけれど、実は68と92のど真ん中（平均）、つまり足して２でわったものなんだ。

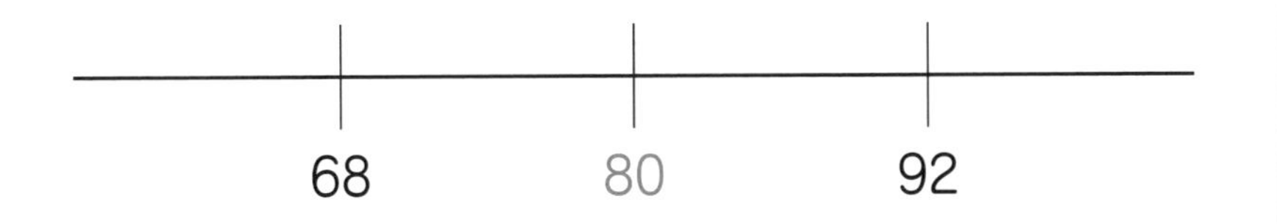

真ん中は足して２でわると出るよ！

答え

1 323
2 8084
3 4896
4 2451
5 6256

では、いよいよ暗算にチャレンジ！

1 17×17＝

2 23×23＝

3 56×56＝

4 72×72＝

5 89×89＝

6 18×18＝

7 33×33＝

8 32×32＝

9 14×18＝

10 28×32＝

11 79×81＝

12 105×95＝

13 991×1009＝

14 98×103＝

15 28×52＝

16 37×86＝

17 77×83＝

18 72×48＝

19 72×34＝

20 156×82＝

◇◇

暗算のヒント

1 10×10に70を２個、あと49

2 400＋２×20×３＋９

3 2500と２×300と36

4 4900と280と４

5 8100から２×90×１を引いて１（１×１）を足す

6 100と２×80とハッパ64

7 900と90が２個と９（前にも出てきた重要問題）

8 900と60が２個とニニンガ４（これも大切）

9 100と40と80とシハ32（140＋112）

10 30－２と30＋２と考えて900－４

11 (80－１)×(80＋１）で、80×80－１×１

12 100×100（１万）－５×５と考える

13 1000×1000（100万）－９×９

14 98×102＋98と考えます

15 28×50＝1400と28が２個の56を合わせる

16 37×43の２倍、つまり「40×40－３×３」を２倍する

17 80×80－３×３

18 60＋12と60－12で、3600－144　⇒　3500－44

19 36×34の２倍

20 78×82の２倍

答え

1 289
2 529
3 3136
4 5184
5 7921
6 324
7 1089
8 1024
9 252
10 896
11 6399
12 9975
13 999919
14 10094
15 1456
16 3182
17 6391
18 3456
19 2448
20 12792

▶やっておきたい基本訓練１

11×11＝121　12×12＝144　13×13＝169

14×14＝196　15×15＝225　16×16＝256……

ついでに隣同士の差も出すとおもしろいです（169－144は25で12＋13です)。

▶やっておきたい基本訓練２

99×99＝9801　98×98＝9604　97×97＝9409

96×96＝9216　数字のならびもよく観察しましょう。

▶奥の手

37や74など37の倍数の計算には時に奥の手があることがあります。その場合は37×３＝111を利用しましょう。

たとえば37×27は37×３×９＝111×９で、999。

長いあとがき（大人の方へ）

以下は、口やかましい昭和のオヤジの戯言と思って読んでほしい。

日本は現在平和で結構。だが、挑戦心とか気概とかいうものが薄れたことも確かで、子どもが熱心に挑戦するのはスポーツの技くらいだ。

実は、できないやつをできないままにしておく怖い方法が一つある。それは比喩的に言えば口当たりの良い食べ物ばかり与え続けることだ。算数教育ではそうした怖いことが本当に起こっていて、いつまでも柔らかい離乳食のようなものを摂取させ続ける結果、つぶれていく子どもがたくさんいる。

ところが、算数教育の出版でも売れ筋は困ったことに「口当たりの良い離乳食」なので、私はこの潮流にだけは与したくないものと思ってきた。

私は「口やかましいオヤジ」と自ら名乗ったのだから、真実を書く。

暗算は筆算と違い、はじめは口当たりの良くない、苦いものである（慣れてくると味もわかり大切な財産になるが）。だが大切なものなので、数年前「暗算」についての書物を書いた。これを今回ドリル化したいと編集部に言われたときは、せっかくの暗算が「口当たりの良すぎる」ニセモノになるのではないかと危惧した。そこで、算数の本はやさしくわかりやす「すぎる」ものでないと売れないという信念を持っている（？）編集部と意見を戦わせ、時に反抗し、時に妥協し、落としどころを探ってできたのが本書である。

意見の相違があった主な点は次の２点。

1.「穴埋め式問題」を入れようと提案されたが口当たりが良すぎると思ったので、こちらで勝手に変えさせていただいた。

2. サブタイトルとして、「ドリルの期間を入れたい。１週間はどうだ」と提案され、個人差もあるし、できる子もいるかもしれないが、普通の子はプレッシャーを受けてのけぞるだろうなと思って変えた。

さて、他分野では羽生結弦さんも体操の内村航平さんも幼少期から高度な挑戦をしている。ピアニストの小林愛実さん（ショパンコンクール上位者）も同様だ。充実した基礎力を「訓練で身につけて」高度な技に挑戦する基盤としている。

算数も例外ではない。

実は小学校の教科にも実技教科（体育、音楽など）と「好奇心をはぐくみ知識を得る教科」（理科、社会）があり、算数や国語のうちの読解・読書・文章作りはむしろ実技教科に近い。こうした実技教科はスポーツを見てもわかる通り、最も差がつきやすい。8歳のときピティナピアノコンクール16歳以下部門で優勝した小林さんと、音楽の授業を学校でしか受けない子どもの差くらいの差はすぐにつく。

そして、「算数言語」である数字の扱いや文字通りの国語の読解、つまり「言語」の習得は、3〜4歳ごろから10歳ごろが一番活発だ。

このころにいろいろな「言語」（外国語のことではない）を本格的な手段で摂取するかどうかが学力の大部分を決めてしまうといっても過言ではなく、上記の小林さんと一般生徒くらいの差はすぐについてしまう。

この事実は「小学1年生から皆一斉にスタートするという平等意識」に反するから、反発を食うのを恐れて誰も言わないが、決して無視はできない。そして暗算こそが算数を習得し訓練するための有力な実技習得ツールなのだ。

やさしく口当たりの良いものばかり求めずに、基礎（本書では暗算）は工夫もし鍛錬もし、高度なことに学年にとらわれず挑戦していくことが、高度な基礎力を自分の財産とする唯一の道だ。子どもには気概の心をもたせて、この本に「挑戦」させてください。

最後になりますが口やかましい私と意見を交換し、本書の成立にひとかたならぬ尽力をいただいた出版部の西村健様にこの場を借りて感謝致します。

令和5年11月

栗田哲也

本書は2019年６月にＰＨＰ研究所より刊行された『暗算力』
を元に大幅な変更を加え、ドリル化して刊行するものです。

【著者略歴】
栗田哲也［くりた・てつや］
1961年、東京都生まれ。東京大学文学部中退後、数学教育関連の予備校、塾、出版社に在籍。月刊誌『大学への数学』『中学への算数』（ともに東京出版）などに寄稿しながら、駿台英才セミナーでの通算23年の講師体験で18人（のべ30名）の国際数学オリンピック（IMO）メダリストの指導にたずさわる。
主な著書に『暗算力』（ＰＨＰ文庫）、『算数ができる頭になるトレーニング・プリント』（ＰＨＰ研究所）、『数学に感動する頭をつくる』（ディスカヴァー・トゥエンティワン）、『子どもに教えたくなる算数』（講談社現代新書）、「スピードアップ算数」シリーズ（文一総合出版）など。

装丁　bookwall
カバーイラスト　CNuisin ／ Adobe Stock
本文イラスト　おうみかずひろ

一生ものの実力が身につく！
暗算力ドリル

2023年12月21日　第１版第１刷発行

著者　栗田哲也
発行者　永田貴之
発行所　株式会社ＰＨＰ研究所
東京本部　〒135-8137　江東区豊洲5-6-52
ビジネス・教養出版部　☎03-3520-9615（編集）
普及部　☎03-3520-9630（販売）
京都本部　〒601-8411　京都市南区西九条北ノ内町11
PHP INTERFACE　https://www.php.co.jp/

制作協力
組版　株式会社ＰＨＰエディターズ・グループ
印刷所　株式会社精興社
製本所　東京美術紙工協業組合

ISBN978-4-569-85636-0

栗田哲也『暗算力』 PHP文庫

『暗算力ドリル』で取り上げた暗算のほか、「分数」「数列」「方程式」などの暗算も紹介しています。
より高度な暗算にチャレンジしてみてください！

目次より一部抜粋

■ 79＋47をどう計算するか
—— 暗算はいろいろな方法で

■ 75×32をどう計算するか
—— 素因数分解以前

■ $5\frac{1}{3}-\frac{3}{4}$をどう計算するか
—— 距離の引き算・分数篇

■ 1＋4＋7＋10＋……＋31＋34をどう計算するか
—— 等差数列の和の考え方

■ 101×101－99×99をどう計算するか
—— 因数分解を利用する

■ 連立方程式$\begin{cases} 3x-2y=4 \\ 2x+3y=7 \end{cases}$をどう解くか
—— 連立方程式と暗算

■ 点A（1，3）と直線$2x-3y-1=0$との距離をどう計算するか
—— 点と直線の距離の公式